Mattis Osterheider · Rasmus Böttcher · Björn Bourdon · Mirco Imlau

1.000 Laser-Hacks für MAKER

ATOMSPEKTREN

selber messen

aufbauen · verstehen · forschen

Wichtiger Hinweis für den Benutzer

Die Informationen in diesem Buch wurden mit größter Sorgfalt erarbeitet. Dennoch können Fehler nicht vollständig ausgeschlossen werden. Verlag und Autoren übernehmen keine juristische Verantwortung oder irgendeine Haftung für eventuell verbliebene Fehler und deren Folgen. Alle Warennamen werden ohne Gewährleistung der freien Verwendbarkeit benutzt und sind möglicherweise eingetragene Warenzeichen. Der Verlag richtet sich im Wesentlichen nach den Schreibweisen der Hersteller.

LEGO® ist eine Marke der LEGO Gruppe, durch die das vorliegende Schriftstück jedoch weder gesponsert noch autorisiert oder unterstützt wird.

Die in diesem Buch vorgestellten Bauanleitungen wurden mit der Open-Source-Software LDraw erstellt. Weitere Informationen unter ldraw.org.

Kommentare und Fragen können Sie gerne an uns richten:
Bombini Verlags GmbH
Kaiserstraße 235
53113 Bonn
E-Mail: service@bombini-verlag.de

Bibliografische Information der Deutschen Nationalbibliothek

Die Deutsche Nationalbibliothek verzeichnet diese Publikation in der Deutschen Nationalbibliografie; detaillierte bibliografische Daten sind im Internet über http://dnb.d-nb.de abrufbar.

Umschlaggestaltung & Satz: Anita Tiedtke und Anke Schmitter, Kommunikation & Marketing, Universität Osnabrück

Belichtung, Druck und buchbinderische Verarbeitung:
Mediaprint Solutions, Paderborn (www.mediaprint.de)

ISBN 978-3-946496-27-4

Dieses Buch ist auf 100% chlorfrei gebleichtem Papier gedruckt.

Inhalt

Gebrauchsanweisung statt Vorwort

Willkommen zu unserer Buchreihe »1.000 Laser-Hacks für Maker«, in der wir dir an ausgesuchten, spannenden Experimenten zeigen, wie sich aktuelle Themen aus Photonik-Industrie und Photonik-Forschung in die Maker-Welt übersetzen lassen.

Das »Selbermachen« bzw. »Selberbauen« steht in allen Büchern im Mittelpunkt: Es handelt sich um detaillierte und umfassend bebilderte Aufbauanleitungen, mit denen du die gezeigten Experimente zu Hause nachbauen kannst. Die wichtigsten Werkzeuge der Bücher sind unsere (*liebevoll genannten*) »Laser-Hacks«, die »Info-Boxen« und unsere Webseite »http://www.1000laserhacks.de«. Ziel ist, dass du am Ende ein komplexes optisches Experiment in den Händen hältst. Du wirst verstehen, wie du deine eigenen Optik-Experimente und Ideen umsetzen kannst. Vielleicht gelingt es dir sogar unsere Aufbauvorschläge noch besser zu machen?

Laser-Hacks

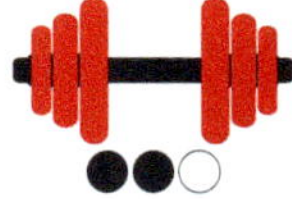

Jedes Buch ist aufgeteilt in Laser-Hacks, welche gleichzeitig das Inhaltsverzeichnis ergeben. Laser-Hacks zeigen dir in kleinen und großen Schritten, wie es uns auf meist ungewöhnliche Weise gelungen ist, die komplexen Laser-Experimente mit Maker-Werkzeugen zu realisieren. Ein Laser-Hack kann dabei etwas Einfaches sein, wie z.B. das Bauen einer LED-Halterung, oder etwas Schwierigeres, wie z.B. der Aufbau eines mechanisch justierbaren Spiegelhalters. Ein Laser-Hack enthält eine Bau- und/oder Justageanleitung für eine einzelne Komponente oder für ein ganzes Experiment. Die Abfolge der Laser-Hacks ist eindeutig; zuerst werden Komponenten aufgebaut und anschließend ein Experiment durchgeführt. Für jeden Laser-Hack haben wir einen Schwierigkeitsgrad, kenntlich durch das nebenstehende Hantel-Symbol, sowie eine Dauer (Symbol der Stoppuhr) abgeschätzt und in ein einfaches Punktesystem übertragen. Die Punkte 1-3 entsprechen dabei: leicht-mittel-schwer bzw. kurz-mittel-lang.

Info-Boxen

In jedem Laser-Hack machen wir dich mit Info-Boxen auf besondere Aspekte, die in direktem Zusammenhang mit dem Bauschritt stehen, aufmerksam. Es gibt kleine Info-Boxen an den Rändern, welche sich auf Basiswissen bzw. Begrifflichkeiten beziehen, und große Info-Boxen im Fließtext, welche eine Mischung aus Basiswissen und fortgeschrittenem Wissen thematisieren. Für die weiterführende Lektüre haben wir innerhalb der Infoboxen Hinweise auf Fachbücher/-webseiten eingefügt. Entscheide einfach selbst, welche Info-Boxen du lesen möchtest. Wissen, welches für das Verständnis der Experimente benötigt wird, sind mit einem Doktorhut gekennzeichnet. Letztlich findest du auch gelb hinterlegte Boxen, die Warnhinweise für den Laser-Hack beinhalten und du daher unbedingt lesen und befolgen solltest. Alle Info-Boxen sind so platziert, dass die Informationen dann geliefert werden, wenn du sie benötigst.

Webseite

www.1000laserhacks.de

Ergänzend zu dieser Buchreihe haben wir eine Webseite eingerichtet (siehe QR-Code). Diese Webseite soll dir bei der Bestellung der Bauteile für die Laser-Hacks, beim Aufbau, bei der Justage und weiterführendem Fachwissen helfen. So findest du hier bspw. die in diesem Buch aufgeführten Bauteillisten, Baupläne und 3D-Druckdateien in elektronischer Form oder Links zu Internet-Shops, bei denen wir die hier dargestellten Komponenten erworben haben. Ein Blick lohnt sich!

Vorwort des Erstautors

Als Erstautor des Buchs »Atomspektren selber messen« möchte ich mich bei dir kurz vorstellen: Ich bin wissenschaftlicher Mitarbeiter an der Universität Osnabrück im Fachbereich Physik und habe Physik und Chemie auf Lehramt studiert. Nachdem ich mich in meiner Bachelorarbeit mit physikalischer Grundlagenforschung beschäftigt habe, habe ich mich in meiner Masterarbeit der Entwicklung von MAKER-Messsystemen gewidmet. Aus dieser Arbeit heraus ist im Verlauf meiner Promotion dann ein Spektrometeraufbau aus LEGO®-Bausteinen entstanden. Dieses Buch stellt somit eine Zusammenfassung meiner wichtigsten Errungenschaften der letzten zwei Jahre dar, in denen ich mich besonders für die Messung von Atomspektren interessiert habe.

Osnabrück, im Sommer 2021 *Mattis Osterheider*

Einleitung

Spektrometer zählen zu den wichtigsten optischen Messinstrumenten der High-Tech-Industrie und -Forschung und werden insbesondere zur höchstpräzisen Analyse von Festkörpern, Gasen und Flüssigkeiten aber auch modernster Lichtquellen eingesetzt. Die Präzision von Spektrometern ist derart herausragend, dass sie zum Nachweis von DNA Spuren in der Forensik, zur Überprüfung der Echtheit von Geldscheinen und in der modernen Forschung zur Analyse nanometergroßer Materialien verwendet wird. Es ist nachvollziehbar, dass Spektrometer mit sehr teuren optischen und optomechanischen Komponenten und Detektoren aufgebaut werden. Ein Nachbau zu Hause scheint daher vollkommen ausgeschlossen. Wirklich? Oder kann es nicht gelingen, Spektrometer mit geringem Kosten- und Arbeitsaufwand nachzubauen?

Ich habe mich dieser Frage in den letzten Jahren intensiv gewidmet und den Ansatz gewählt, Spektrometer mithilfe von Werkzeugen der MAKER-Bewegung nachzubauen. Das Ergebnis dieser Idee liegt in Form einer umfassend bebilderten Bauanleitung vor dir! Wenn du also schon immer ein eigenes Spektrometer aufbauen wolltest oder zumindest wissen wolltest, was ein Spektrometer ist, warum es zur höchstpräzisen Analytik verwendet werden kann und was man damit (noch) alles machen kann, ist dieses Buch genau das Richtige für dich! Egal, ob du Schüler*in, Lehrer*in, Forscher*in oder einfach nur ein interessierter MAKER bist: Ich zeige auf den kommenden Seiten, wie du das hochauflösende Czerny-Turner-Spektrometer aus einer LED-Lichtquelle, LEGO®-Bausteinen, einer USB-Zeilenkamera und einfachen Optiken aufbauen und sogar spannende Experimente damit durchführen kannst. Dabei lernst du spielerisch die wichtigsten physikalischen Aspekte und die Funktionsweise von Spektrometern kennen. Es gibt noch ein paar weitere Vorteile, wie bspw.:

- Geringer Kostenaufwand der Optiken und des Detektors (weniger als 400€)
- Hohe Erfolgswahrscheinlichkeit
- Schnelles und unkompliziertes Auf– und Umbauen
- Hohe Qualität
- Viel Begleitmaterial unter www.1000laserhacks.de

Was musst du tun? Ich empfehle dir zunächst den Aufbau des Czerny-Turner-Spektrometers entlang der Laser-Hacks 1-11. Hiermit lernst du viele Basisinformationen zu einzelnen Komponenten und deren Funktionen, zum Strahlengang sowie zu Spektrometern im Allgemeinen. Vor allem die Justage des optischen Strahlengangs wird eine neue Erfahrung für dich sein. Die Erweiterung des Spektrometers um eine USB-Zeilenkamera zur automatisierten Aufnahme von Spektren (Laser-Hacks 12-16) sind dann ein Kinderspiel und verlangen nur noch wenige zusätzliche Schritte und Komponenten. Die Next-Level-Hacks 17-23 geben dir Anregungen zu weiteren, spannenden Experimenten und Anwendungsbereichen deines Spektrometers.

Hilfreich ist es, wenn du alle Bauteile, die zu den Experimenten gehören (also bspw. zu den Laser-Hacks 1-11) als erstes bestellst. Vielleicht hast du das ein oder andere auch bereits zu Hause herumliegen? Sobald du alles zusammengetragen hast, kann es auch direkt losgehen. Mehr als einen leeren Tisch, dieses Buch und ein (Tablet)-PC oder Smartphone wirst du nicht benötigen. Wenn du das erste Mal mit Präzisionsmesstechnik arbeitest, solltest du dir ruhig etwas Zeit nehmen – du wirst unterschiedliche Arbeiten durchführen müssen: bauen, ansteuern, löten & justieren. Wenn du mal nicht weiterkommst, kannst du unsere Webseite zur Hilfe nehmen. Dort findest du die Rubrik »FAQ« (»frequently asked questions« oder zu deutsch »häufig gestellte Fragen«) und Begleitvideos – meist bist du nicht der Erste mit deiner Frage. Fehlt dir ein Bauteil? Findest du eine bessere Lösung für den Aufbau? Trau dich ruhig und probiere eigene Wege aus! Wenn du etwas Besonderes herausgefunden hast, freue ich mich natürlich sehr auf deinen Eintrag in unserem Gästebuch.

Ich wünsche dir nun viel Spaß beim Aufbauen, Verstehen und Forschen!

Czerny-Turner Spektrometer

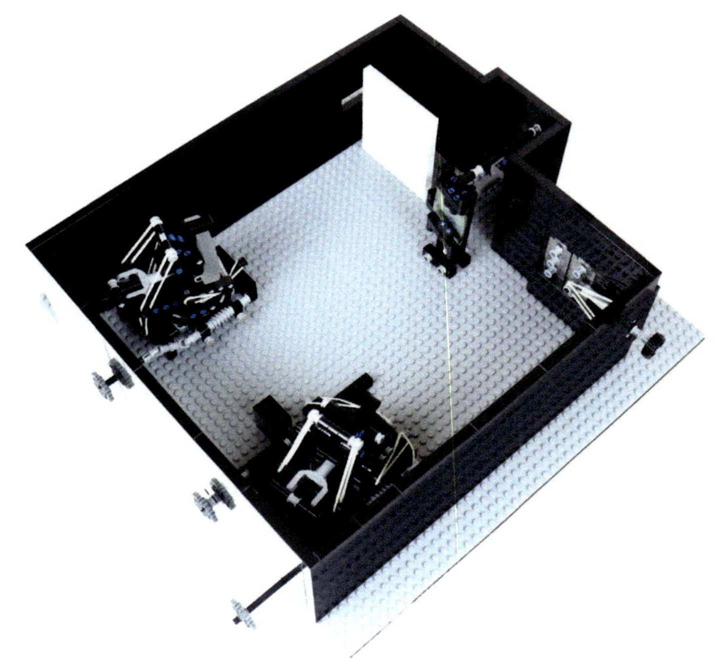

Abbildung 1:
Foto des fertigen Czerny-Turner Spektrometers mit verstellbaren Konkavspiegeln, einem Reflexionsgitter, einem Beobachtungsschirm und einem Eintrittsspalt.

Die Quelle zur Originalarbeit der beiden Physiker Marianus Czerny (1896-1985) und Arthur Francis Turner (1906 -1996) findest du im Literaturverzeichnis dieses Buchs.

Das Czerny-Turner-Spektrometer zählt zur Klasse der Spiegelspektrometer und weist aufgrund seines symmetrischen Strahlengangs besonders geringe optische Abbildungsfehler – und damit ein besonders hohes spektrales Auflösungsvermögen – auf. Sphärische Hohlspiegel ermöglichen zugleich einen sehr einfachen und kostengünstigen Aufbau. Heute werden Czerny-Turner-Spektrometer in der höchstauflösenden Analyse von Festkörpern, Flüssigkeiten und Gasen in Industrie & Forschung eingesetzt und ermöglichen die spektrale Trennung von Licht mit einem Auflösungsvermögen von bis zu 1/1.000 Nanometer.

In einem Czerny-Turner-Spektrometer beginnt der Verlauf der Lichtstrahlen am Eintrittsspalt. Von hier breitet sich eine kugelförmige Lichtwelle aus, wird mit einem sphärischen Hohlspiegel, dem Kollimatorspiegel, parallelisiert und auf ein Reflexionsgitter umgelenkt.

Das Gitter zerlegt das Licht in seine spektralen Bestandteile und reflektiert diese in Richtung des zweiten sphärischen Hohlspiegels. Der zweite Hohlspiegel fokussiert die einzelnen Lichtstrahlen, die sich unter leicht unterschiedlichen Winkeln ausbreiten, in die Ebene des Beobachtungsschirms. Die spektralen Bestandteile des einfallenden Lichts sind hier räumlich getrennt, nebeneinander angeordnet. Dies ermöglicht die präzise Zuordnung der Farben zu den atomaren bzw. molekularen Bestandteilen der Lichtquelle.

Weiterführende Informationen zu den physikalischen Grundlagen findest du auf den Seiten Seite 55 (Hohlspiegel) und Seite 95 (Beugungsgitter).

Um ein Czerny-Turner-Spektrometer selbst zu bauen, benötigt man einen Eintrittsspalt, zwei sphärische Hohlspiegel, ein Beugungsgitter – je mit präzisen Einstellmöglichkeiten –, einen Beobachtungsschirm und eine insgesamt mechanisch stabile Gesamtkonstruktion. Zur Beobachtung sehr lichtschwacher Anteile des Lichtspektrums muss der Aufbau in einem lichtdichten Gehäuse untergebracht werden. Für die Justage des Spektrometers wird zudem eine polychromatische Lichtquelle, zum Beispiel eine kaltweiße LED, benötigt.

Im ersten Laser-Hack dieses Buches beginne ich mit dem Aufbau der stabilen Grundplatte.

Abbildung 2:
Foto des Spektrums einer LED Lichtquelle auf dem Beobachtungsschirm des Czerny-Turner-Spektrometers. Die einzelnen Farbanteile sind gut getrennt voneinander erkennbar.

Laser-Hack 1: Grundplatte verstärken

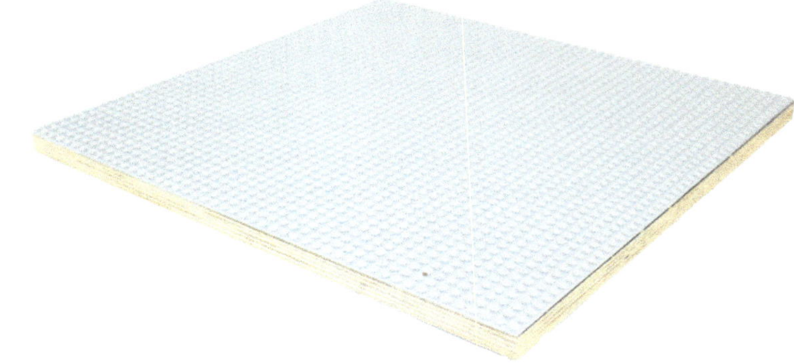

Abbildung 3:
Foto der LEGO®-Grundplatte mit einer Multiplex-Holzplatte als Verstärkung.

Du kannst auch ein optisches Breadboard aufbauen, wie es beispielsweise im Buch »Interferometer zum Selberbauen« verwendet wird. Eine Anleitung dafür findest du auf unserer Website www.1000laserhacks.de

Für den Aufbau des Spektrometers wird eine mechanisch stabile Grundplatte benötigt, die den präzisen Aufbau von Optiken mit Halterungen und allen weiteren Bauteilen (lichtdichte Verkleidung, Deckel, etc.) ermöglicht. Ich habe mich für die Kombination aus einer LEGO®-Grundplatte und einer Multiplex-Holzplatte entschieden. Die LEGO®-Grundplatte ermöglicht mit der rasterförmigen Anordnung der Noppen, dass die einzelnen optischen Komponenten des Spektrometers im richtigen Abstand zueinander aufgebaut werden. Das reduziert den Justageaufwand. Die Verklebung mit einer Multiplex-Holzplatte führt zu einer Verbesserung der mechanischen Stabilität. Mit der verstärkten Grundplatte kann ich das Spektrometer im justierten Zustand problemlos transportieren und an verschiedenen Orten experimentieren. Auch bleibt der optische Strahlengang bei einem zufälligen Anstoßen des Versuchsaufbaus einjustiert.

Für diesen allerersten Hack benötigst du die Bauteile der folgenden Tabelle. Aufgeführt sind die Artikelnummern der Firma LEGO® Systems A/S, Dänemark bzw. der Hornbach Baumarkt AG.

In diesem Buch nutzen wir die Klemmbausteine der LEGO®-Systems A/S. Alternativ kannst du auch die Klemmbausteine anderer Hersteller verwenden, wie bspw. Blue Brixx oder LEPIN™.

Anzahl	Bausteinname	Art.-Nr.	Firma
1	Gray Baseplate	10701	LEGO(R) Systems A/S
1	Multiplexplatte Buche 38 cm x 38 cm, Stärke: 18 mm	8197833	Hornbach Baumarkt AG
1	Heißklebepistole	2047485	Hornbach Baumarkt AG

Bei der Holzplatte habe ich mich für eine Multiplexplatte aus Buche mit einer Dicke von 18 mm entschieden, die in jedem Bau– und Heimwerkermarkt erhältlich ist. Bei der Multiplex-Bauplatte sind mehrere dünnere Holzbretter schichtweise miteinander verklebt. Das erhöht die mechanische Stabilität gegen Durchbiegung. Das Maß von 38 cm x 38 cm entspricht dem Maß der LEGO®-Grundplatte. Hier kannst du auch eine größere Platte, eine andere stabile Bauplatte oder eine Platte mit einer größeren Stärke nehmen. Vielleicht hast du sogar schon eine passende zu Hause?

Die Multiplex-Bauplatte habe ich bei der Hornbach Baumarkt AG gekauft und mir direkt auf Maß schneiden lassen. Du kannst diese aber auch in jedem anderen Bau– und Heimwerkermarkt kaufen. Vielleicht hat deine Schreinerei vor Ort noch ein passendes Reststück?

Nun musst du nur noch die LEGO®-Grundplatte mit der Holzplatte verkleben. Ich habe sehr gute Erfahrungen mit Heißkleber gemacht, sodass ich später die LEGO®-Grundplatte auch wieder von der Holzplatte entfernen und weiternutzen kann. Alternativ klappt es auch mit doppelseitigem Klebeband sehr gut. Achte darauf, dass du die LEGO®-Grundplatte flächig verklebst und keine Beulen entstehen.

Herzlichen Glückwunsch! Deinen ersten Hack hast du erfolgreich gemeistert! Deine Grundplatte ist schon fertig.

Diese Grundplatte wirst du natürlich nicht nur für das Spektrometer selbst verwenden, sondern auch für alle weiteren Experimente. Ich habe diese so dimensioniert, dass alle Aufbauten dieses Buches und von der Website ›www.1000laserhacks.de‹ – darauf Platz finden.

Widmen wir uns gleich dem nächsten Laser-Hack: Jetzt beginne ich mit dem Aufbau der optischen und optomechanischen Komponenten für das Spektrometer. Dazu zählen die Spiegelhalter, die Gitterhalterung, der Eintrittsspalt und der Beobachtungsschirm. Dabei starte ich mit der Lichtquelle.

Laser-Hack 2: LED-Lichtquelle verdrahten

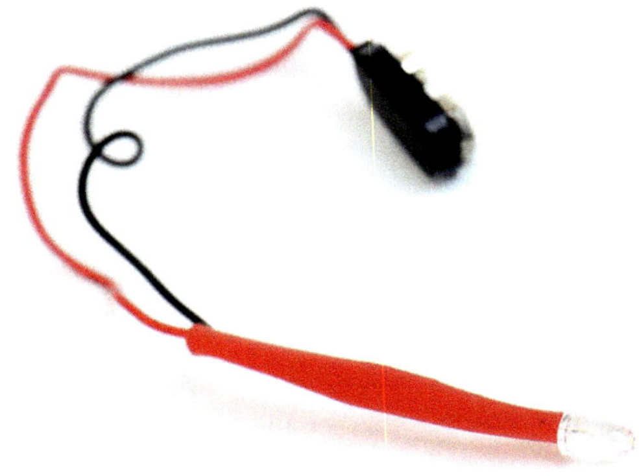

Abbildung 4:
Foto der fertig verdrahteten LED-Lichtquelle. Diese wird später für die Justage des Spektrometers verwendet

Für diesen Hack werden die in der Tabelle aufgeführten Materialien benötigt. Die mit (*) markierten Komponenten musst du nur besorgen, wenn du noch keinen Lötkolben und Lötzinn zu Hause hast.

Die Elektronikkomponenten und Materialien zum Löten habe ich bei Conrad Electronic SE bestellt. Auf unserer Website findest du die komplette Bauteilliste und Links zu verschiedenen Anbietern.

Anzahl	Bausteinname	Art.-Nr.
1	TRU COMPONETS 1557176 LED gedrahtet weiß rund 5 mm 40.000 mcd 8° 30 mA 3.1 V	176724-62
1	Widerstand 200 Ω	1585434
(*) 1	Lötkolben	616675
(*) 1	Lötzinn	1666025
1	Schrumpfschlauch ohne Kleber (2 mm)	1567338
1	9 V-I-Clip Batterieclip 1x 9 Block Druckknopfanschluss	624691
1	9 V Blockbatterie	

Die Lichtstärke einer Lichtquelle wird in der Einheit Candela (cd) angegeben. Die Lichtstärke bezieht sich dabei auf den gesamten Abstrahlbereich der LED. Da eine übliche Haushaltskerze eine Lichtstärke von ungefähr 1 cd hat, wurde die Einheit der Lichtstärke nach dem lateinischen Wort *candela*, das Kerze bedeutet, benannt. Heute wird die Candela auf Strahlung der Frequenz 540 THz bezogen. Das entspricht einer Wellenlänge von ca. 555 nm (gelber Spektralbereich). Wenn du mehr wissen willst, empfehle ich dir einen Blick auf die Webseite der Physikalisch-Technischen Bundesanstalt (PTB): www.ptb.de

Für das Spektrometer habe ich mich für eine LED als Lichtquelle entschieden, weil diese durch einen kleinen Formfaktor und eine hohe Lichtstärke besonders gut für den Einsatz im Spektrometer geeignet ist. Die ausgewählte LED hat hierbei eine Lichtstärke von 40.000 mcd und einen Abstrahlwinkel von 8°.

Abbildung 5: *Löten der LED an den Widerstand und den Batterieclip; denke daran, die Schrumpfschläuche vor dem Löten über die Kabel zu stülpen.*

Im Gegensatz zu herkömmlichen Glühlampen (bspw.: Fahrradlampe) kann eine LED allerdings nicht direkt an eine Spannungsquelle angeschlossen werden. Es wird ein Vorwiderstand benötigt.

Der Widerstand wird an den Pluspol (Anode) der LED angelötet, den du an dem längeren Anschlussdraht der LED erkennst. Ich kürze meist die Anschlussdrähte von LED und Widerstand auf eine Länge von ca. 1 cm, damit der Aufbau insgesamt klein bleibt – zur Sicherheit markiere ich mir vor dem Kürzen den Pluspol an dem LED Gehäuse mit einem Folienstift, damit ich die Anschlüsse später nicht versehentlich vertausche.

Achtung: Eine falsche Polung beim Anschließen an eine Stromquelle kann die LED beschädigen oder sogar zerstören!

Im nächsten Schritt lötest du den Batterieclip an die LED an. Als Stromversorgung nutze ich eine 9 V Blockbatterie, damit ich den Aufbau unabhängig von einer Steckdose betreiben kann. Auch hierbei muss auf die richtige Polung geachtet werden: Der rote Anschlussdraht führt zum Pluspol der Batterie und muss mit dem Widerstand verlötet werden. Der schwarze Anschlussdraht wird mit dem Minuspol der LED verlötet, den du an dem kürzeren LED Anschlussdraht erkennst. Damit es zwischen den beiden Anschlussdrähten nicht zu einem elektrischen Kurzschluss kommt, verwende ich Schrumpfschläuche.

Eine »light emitting diode«, kurz: LED, basiert auf Halbleitermaterialien. Eine Eigenschaft von Halbleitern ist, dass der Widerstand mit steigender Temperatur sinkt. Sie werden daher auch »Heißleiter« genannt. Wird die LED in Betrieb genommen, erwärmt der fließende Strom das Halbleitermaterial und der Widerstand sinkt. Dies führt direkt zu einem größeren Stromfluss und damit zu einem weiteren Anstieg der Temperatur. Wird diese Rückkopplung nicht unterbrochen, wird die LED in kurzer Zeit thermisch zerstört. Ein Widerstand kann hier als Strombegrenzer eingesetzt werden. Dessen Widerstandswert ergibt sich aus Betriebsspannung U_{LED} und Betriebsstrom I_{LED} der LED, sowie der Spannung U_{Quelle} der Stromversorgung über:

$$R = \frac{U}{I} = \frac{U_{Quelle} - U_{LED}}{I_{LED}}$$

Die LED des Spektrometers wird mit 3,1 V versorgt und benötigt einen Strom von 30 mA, sodass sich bei einer 9 V Blockbatterie ein Widerstandswert von ca. 200 Ohm ergibt:

$$R = \frac{9V - 3{,}1V}{30mA} = 196{,}67\Omega \approx 200\Omega$$

Alternativ zu einer 9 V Blockbatterie kann auch ein Netzteil verwendet werden. Sollte das Netzteil keine 9 V liefern, muss der Widerstand angepasst werden. Beispielsweise muss bei einer Versorgungsspannung von 12 V der 200 Ω Widerstand durch einen 300 Ω Widerstand ausgetauscht werden.

Bevor du die Stromversorgung anschließt sollte noch Folgendes erwähnt werden: Die LED hat eine sehr große Lichtstärke. Es ist daher unbedingt darauf zu achten, nicht direkt in die LED zu blicken, da dies die Augen nachhaltig schädigen könnte. Beachte auch die Warnhinweise des Herstellers.

Licht kann man sich als Welle mit bestimmter Wellenlänge λ vorstellen.

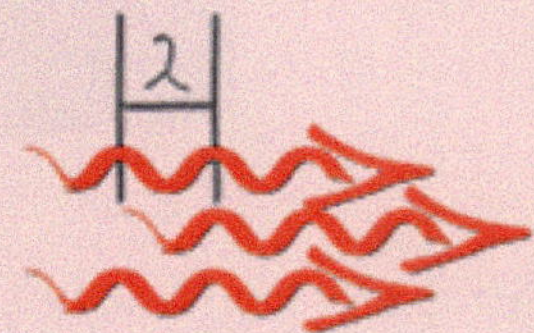

Die Wellenlängen für das sichtbare Licht liegen zwischen 380 nm (ultraviolett, UV), 450 nm (tiefblau), 500 nm (türkis/grün), 550 nm (grün/gelb), 600 nm (orange/rot) und 750 nm (nahes Infrarot, IR). Dieser Zusammenhang wird mit dem Farbspektrum dargestellt, das die Lichtfarben den Wellenlängen für den sichtbaren Bereich zuordnet:

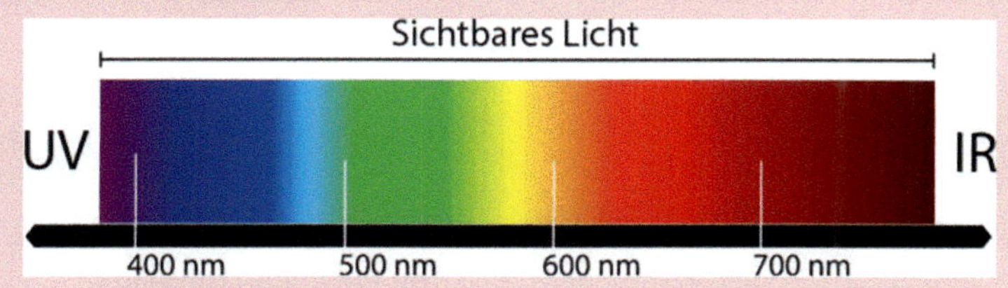

Das Farbspektrum ist dir sicherlich vom Regenbogen oder der Wirkung eines optischen Prismas bekannt. Es kann durch Zerlegung von weißem Licht in seine spektralen Anteile sichtbar gemacht werden.

Laser-Hack 3: Lichtquellenhalter aufbauen

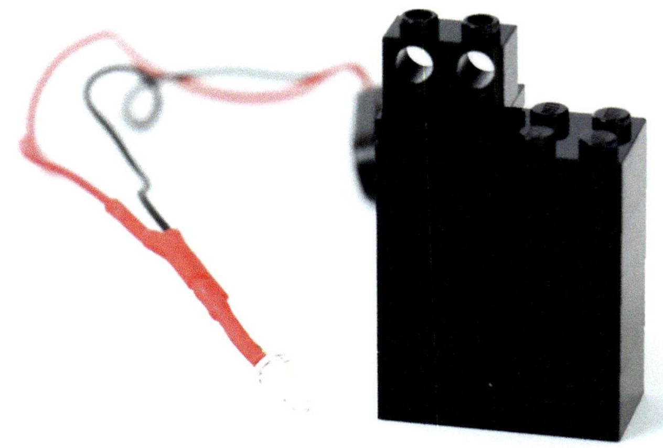

Abbildung 6: *Foto der Lichtquellenhalterung und der LED-Lichtquelle, die du bereits in Laser-Hack 2 verdrahtet hast.*

Für die Justage des Spektrometers muss die LED-Lichtquelle fest vor dem Eintrittsspalt des Spektrometers montiert werden. Hierzu wird ein Lichtquellenhalter benötigt, der sich auf der Grundplatte in variablen Abständen zum Spektrometer befestigen lässt, in der Höhe auf den Eintrittsspalt angepasst ist und einen festen Einbau der LED ermöglicht. Für diese Halterung benötigst du folgende LEGO®-Bausteine:

Anzahl	Bausteinname	Art.-Nr.	Farbe
4	Brick 2 x 4	3010	Black
2	Plate Modified 1 x 2 with 1 Stud with Groove	3794b	Black
1	Technic Brick 1 x 2 with Holes	32000	Black

Mit der Open-Source-Software MLCad kannst du digitale Modelle von deinen eigenen Kreationen erstellen und mit der Open-Soure-Software LPub3D kannst du für diese Modelle Anleitungen erstellen. Probier' mal!

Für den Aufbau der Lichtquellenhalterung habe ich eine Bauanleitung erstellt, die sich an den Anleitungen der LEGO® Systems A/S orientiert – die du vermutlich wiedererkennen wirst. In meinen Konstruktionen verwende ich allerdings meist dunkelgraue und schwarze Steine. Da diese in einer Bauanleitung mitunter schwer voneinander zu unterscheiden sind, habe ich die vorangegangenen Bauschritte bei komplexeren Anleitungen in weißer Farbe dargestellt. Beginnen wir mit einem einfachen Aufbau.

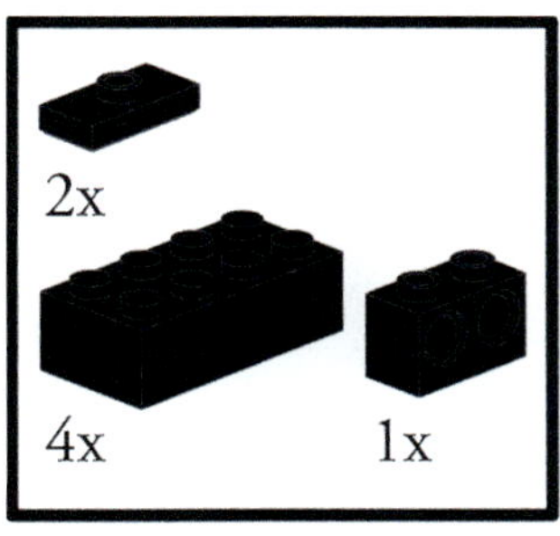

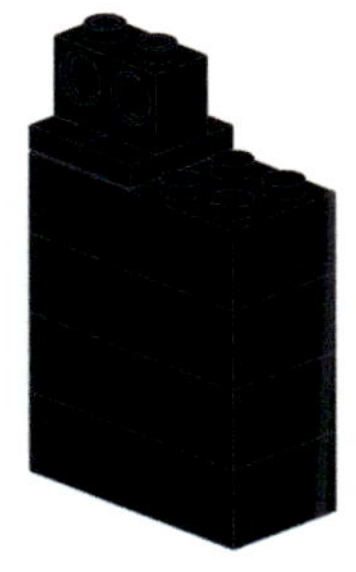

Abbildung 7: *Anleitung für den Aufbau der Lichtquellenhalterung aus LEGO®-Bausteinen.*

Der Aufbau ist schnell erledigt. Du kannst natürlich auch Steine für die Halterung nutzen, die du zu Hause hast. Bei den Komponenten habe ich darauf geachtet, dass ich möglichst normale LEGO®-Bausteine verwende und nur wenig Sondersteine erforderlich sind.

Nun kannst du die LED einbauen. Ich war schon sehr erstaunt, als ich festgestellt habe, dass eine LED passgenau in ein Loch eines LEGO®-Technic-Bausteins passt. Standard-LEDs haben einen Durchmesser von 5 mm und sind damit im Vergleich zu einem LEGO®-Technic-Pin mit einem Durchmesser von 4,8 mm etwas größer. Mit etwas Druck lässt sich die LED aber sehr gut hineindrücken. Wenn es zu schwer geht, kannst du die LED mit etwas Schleifpapier anschleifen. Die LED sollte fest in der Halterung sitzen und möglichst parallel zum Boden ausgerichtet sein.

> Ich habe übrigens ausprobiert, dass es auch mit einer kleineren 3 mm LED funktioniert: Diese passt genau in die LEGO®-Technic-Pins 1/2, Artikelnummer: 4274. Erstaunlich, oder?

Abbildung 8: *Foto der fertig zusammengebauten Lichtquellenhalterung mit eingebauter LED.*

Laser-Hack 4: Eintrittsspalt bauen

Abbildung 9:
Foto des fertig aufgebauten Eintrittsspalts mit Rasierklingenfassung und Justageeinheit zur präzisen Einstellung der Spaltbreite.

Mit einer Verkleinerung der Spaltbreite verringert sich die Lichtmenge, die ins Spektrometer dringt. Aus diesem Grund ist die Verwendung einer Lichtquelle mit einer möglichst großen Lichtstärke wichtig.

Der Eintrittsspalt dient im Spektrometer als Ausgangspunkt der Lichtstrahlen. Er bestimmt auch maßgeblich die Eigenschaften des Spektrometers. Dabei gilt: Je kleiner die Spaltbreite eingestellt wird, desto höher ist das spektrale Auflösungsvermögen des Spektrometers. In Spektrometern können entweder Spalte mit einer fest eingestellten Spaltbreite verwendet werden oder, wie in diesem Spektrometer, mit einem justierbaren Spalt. Der Vorteil eines fest eingestellten Spalts besteht in der gleichbleibenden Schärfe der Abbildung, während du bei einem variablen Spalt abhängig von der Anwendung des Spektrometers die optimale Breite einstellen kannst. Wichtig ist, dass die Kanten des Spalts sehr scharfkantig sind und parallel zueinander verlaufen. Ich habe mich daher für eine Kombination aus zwei Rasierklingen und einer feinjustierbaren LEGO®-Technic-Stellschraube entschieden.

Für den Bau des Eintrittsspalts benötigst du zwei Rasierklingen und die in der folgenden Tabelle aufgelisteten LEGO®-Bausteine. Mit dem Aufbau kannst du direkt beginnen.

Anzahl	Bausteinname	Art.-Nr.	Farbe
1	Tile 1 x 2 without Groove	3069a	Black
1	Plate 2 x 2 Corner	2420	Black
1	Tile 1 x 4	2431	Black
1	Plate 2 x 12	2445	Black
5	Brick 2 x 6	2456	Black
7	Brick 1 x 2	3004	Black
5	Brick 1 x 1	3005	Black
1	Brick 1 x 8	3008	Black
6	Brick 1 x 6	3009	Black
2	Plate 1 x 2	3023	Black
2	Plate 1 x 1	3024	Black
3	Technic Brick 1 x 2 with Holes	32000	Black
2	Technic Pin 3L with Friction Ridges Lenghtwise and Stop Bush	32054	Black
1	Technic Gear 20 Tooth Double Bevel	32269	Black
3	Plate 1 x 8	3460	Black
1	Brick 1 x 3	3622	Black
5	Plate 1 x 3	3623	Black
2	Plate 1 x 6	3666	Black
6	Technic Brick 1 x 2 with Hole	3700	Black
4	Plate 1 x 4	3710	Black
9	Technic Bush	3713	Light Bluish Grey
1	Plate 2 x 6	3795	Black
2	Tile 1 x 8	4162	Black
5	Technic Axle Pin with Friction Ridges Lenghtwise	43093	Blue
1	Technic Pin with Friction Ridges Lenghtwise with Center Slots	2780	Black
1	Plate 1 x 10	4477	Black
1	Plate 1 x 12	60479	Black
1	Technic Axle Connector 2L	59443	Black
1	Brick 1 x 12	6112	Black
2	Tile 1 x 6	6636	Black

Wusstest du eigentlich schon: LEGO®-Bausteine können einfach unter www.bricklink.com bestellt werden. Bricklink ist eine weltweite Suchmaschine für LEGO®-Bausteine. Damit findest du verschiedenste Anbieter und Online-Händler mit sehr guten Angeboten. Häufig handelt es sich um gebrauchte Bausteine.

Eintrittsspalt bauen

Anzahl	Bausteinname	Art.-Nr.	Farbe
1	Technic Axle 5 with Stop	15462	Light Bluish Grey
1	Technic Axle Pin 3L with Friction Ridges Lenghtwise and 2L Axle	18651	Black
1	Plate Modified 1 x 2 with Pin Hole on Bottom	18677	Black
1	Technic Linear Actuator Mini with Dark Bluish Grey Head and Orange Axle	92693c01	Light Bluish Grey

1

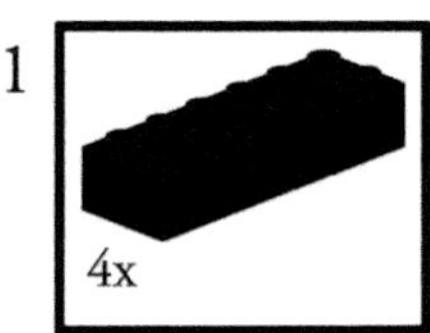

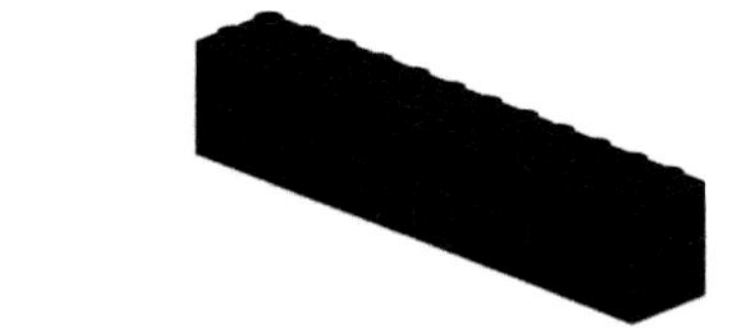

2

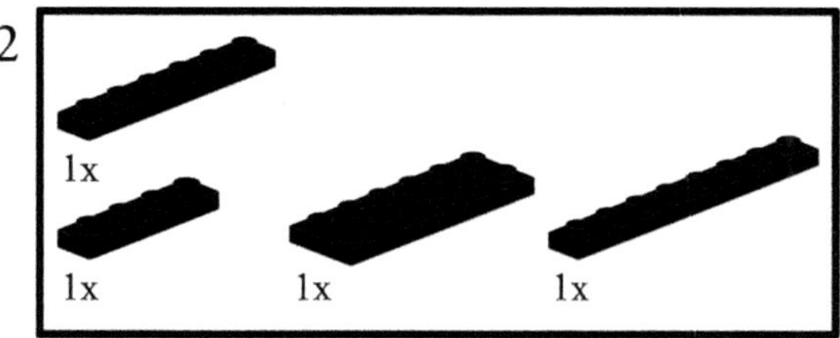

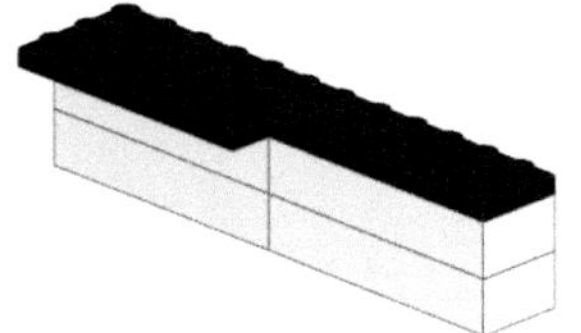

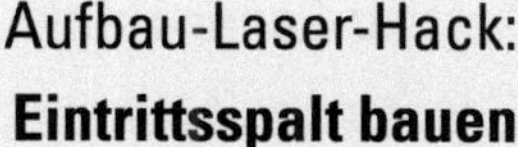

3

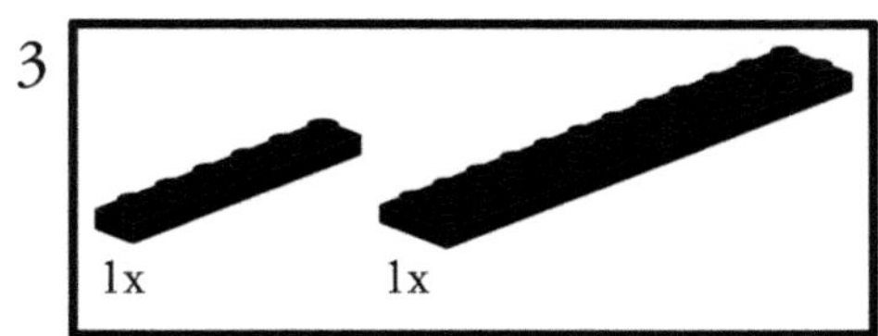

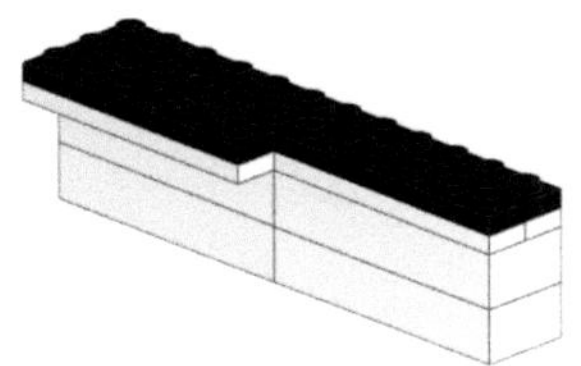

4

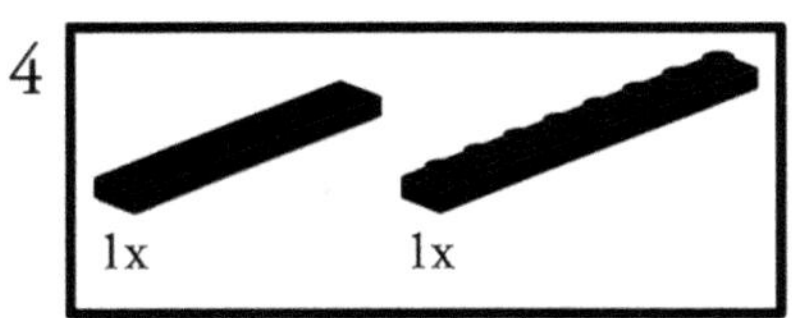

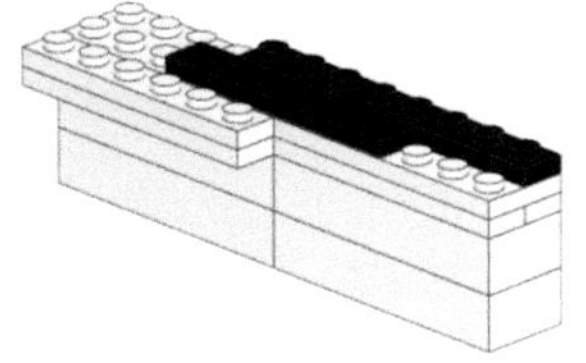

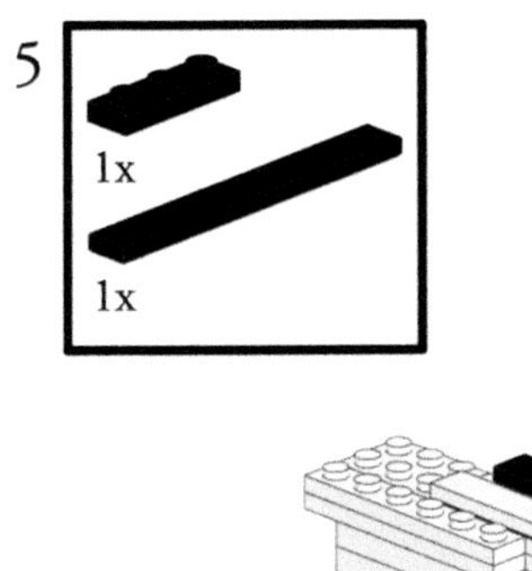
5
1x
1x

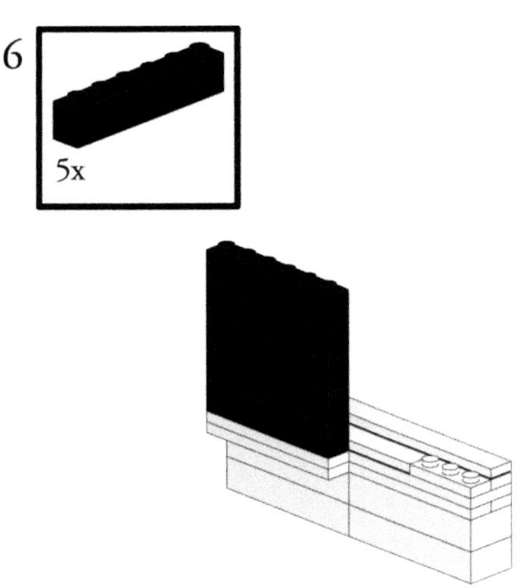
6
5x

7

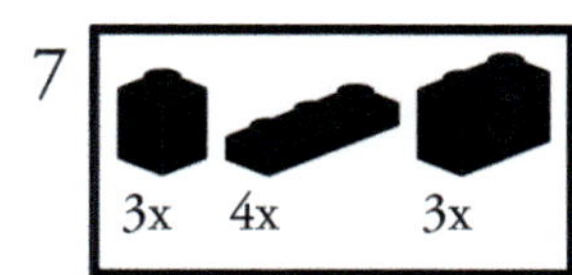

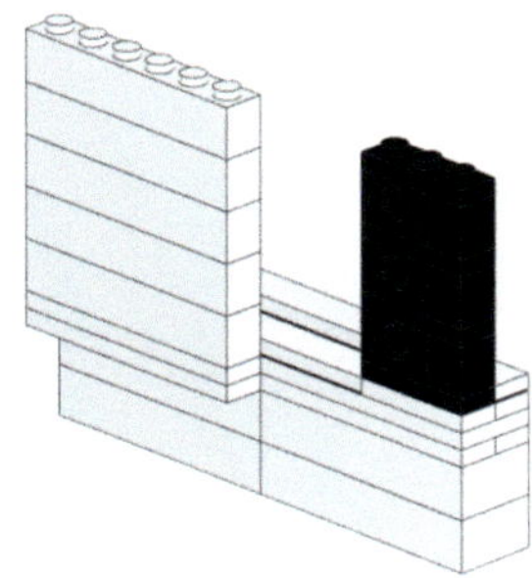

8

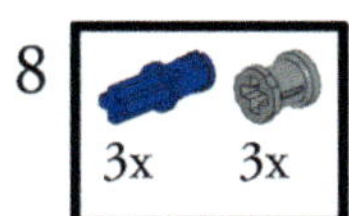

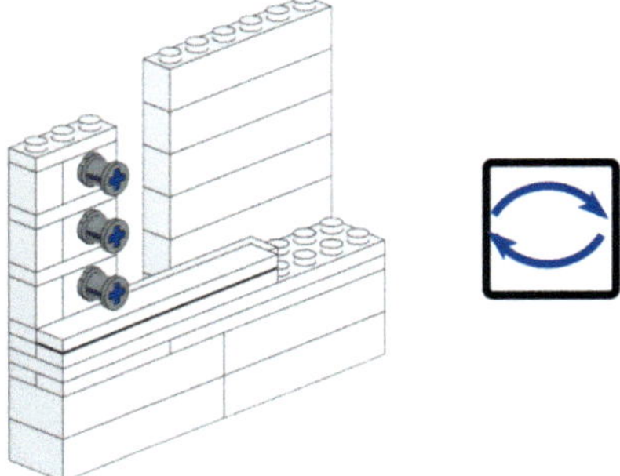

Mithilfe dieser Pins werden später die Rasierklingen des Spalts befestigt.

9

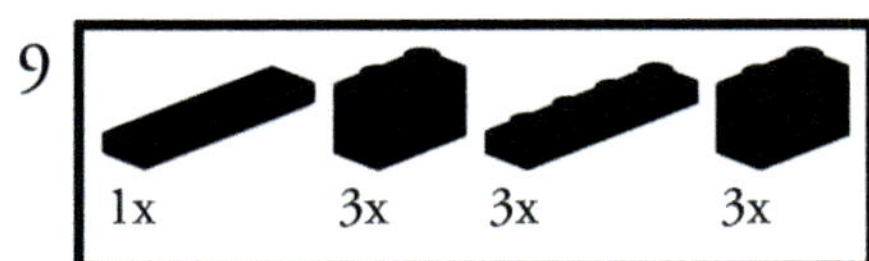

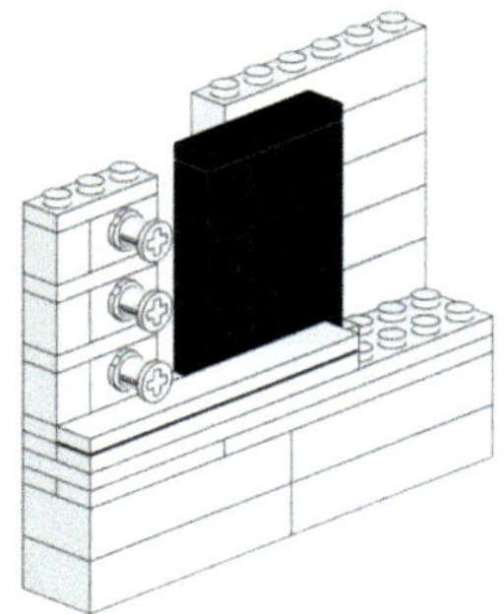

10

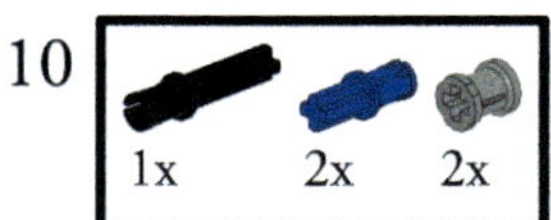

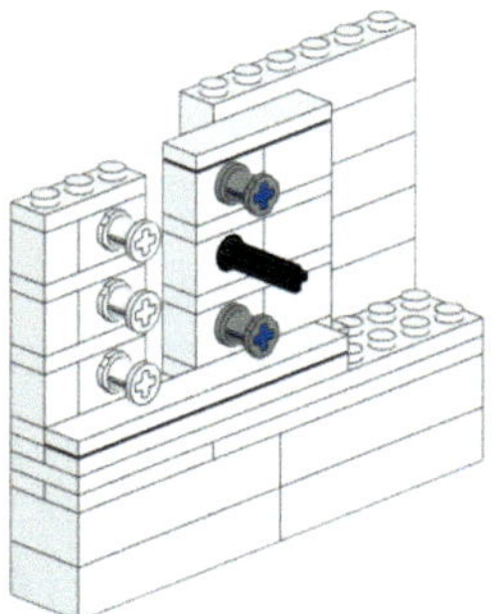

11

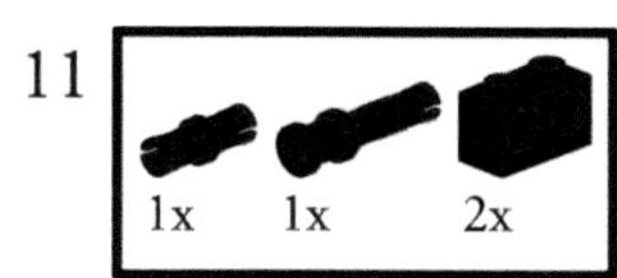

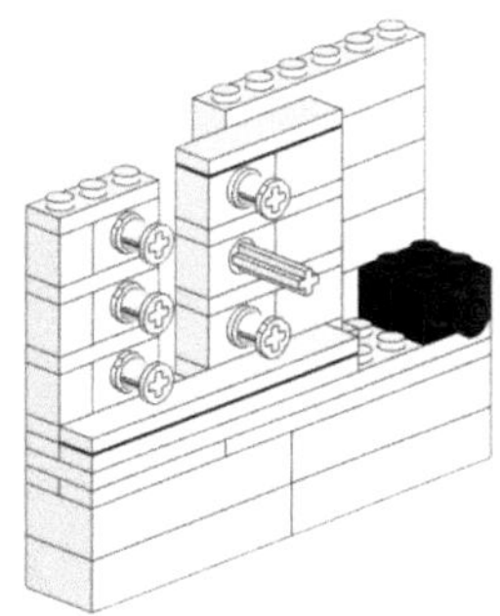

12

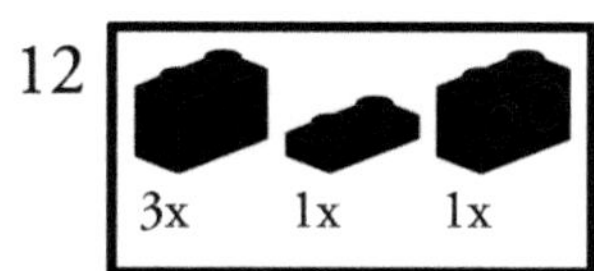

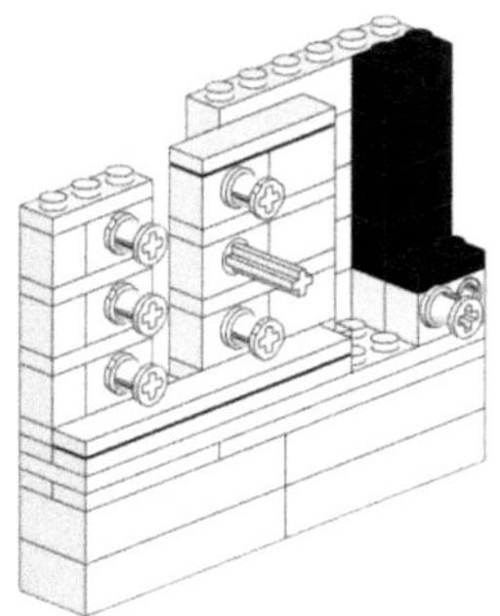

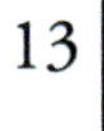

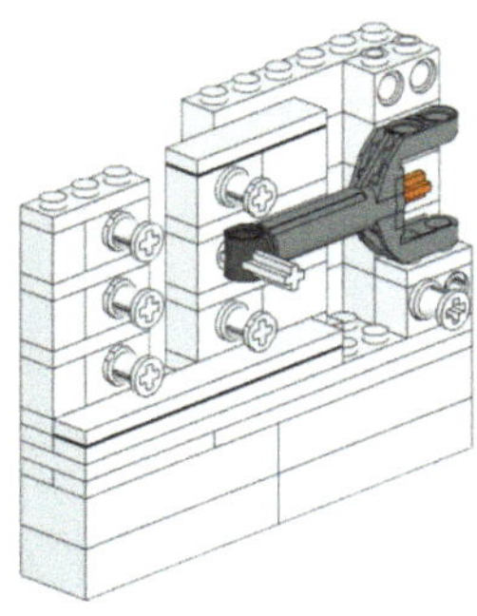

Ab diesem Bauschritt verfügt der Spalt über seine Öffnungs- und Schließfunktion.

Er hat eine maximale Öffnungsweite von 7 mm. Eine Zahnradumdrehung entspricht dabei 3 mm. Du kannst eine Justagegenauigkeit von 0,15 mm und besser erreichen.

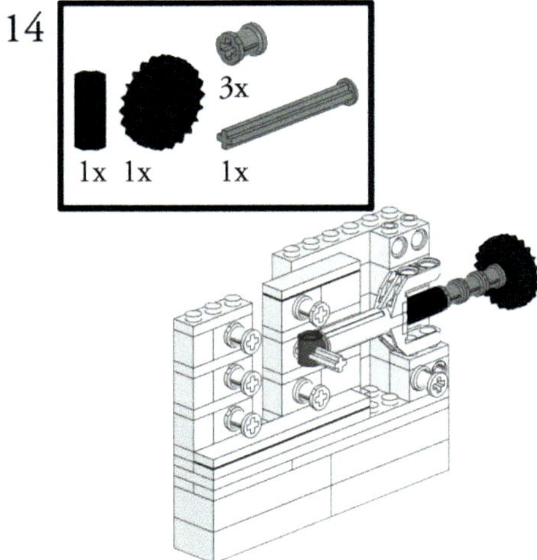

15

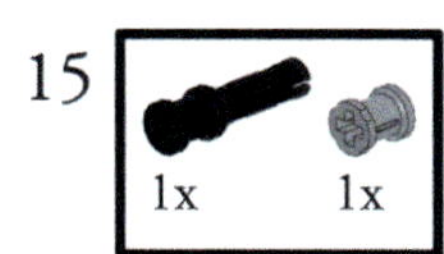

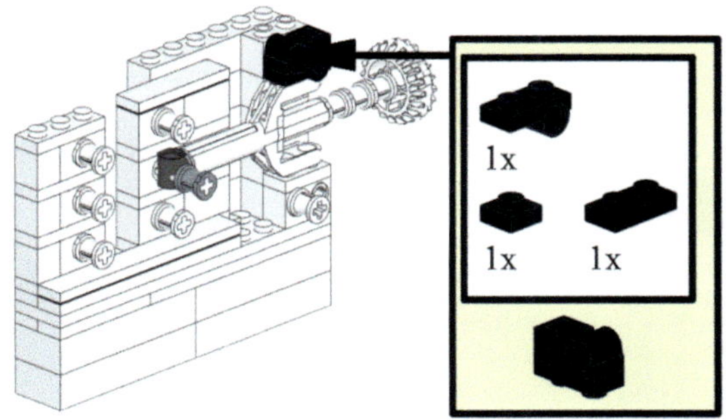

16

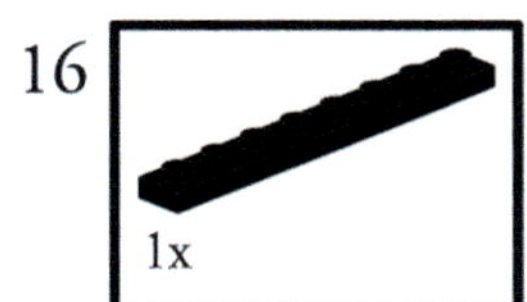

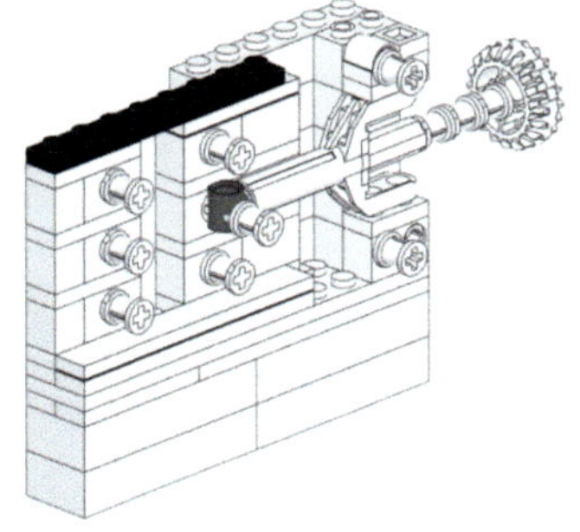

Mit den nun folgenden Bauschritten wird die Justageeinheit zu einer lichtdichten Wandfläche erweitert, sodass der Eintrittsspalt zugleich als Seitenwand des Gehäuses des Spektrometers dient.

17

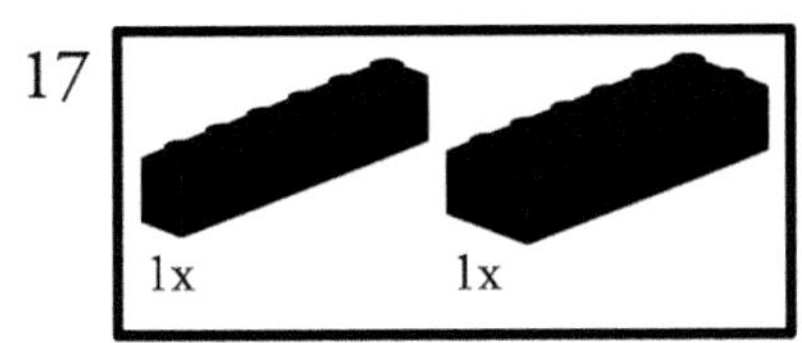

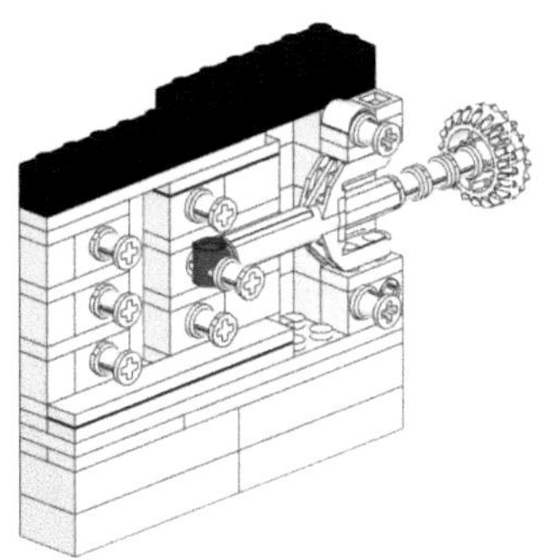

18

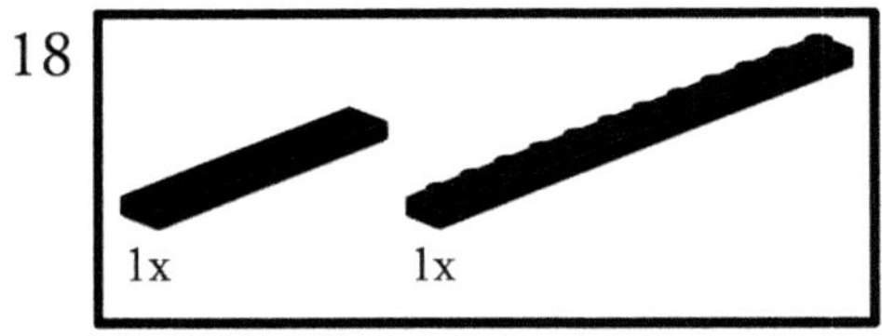

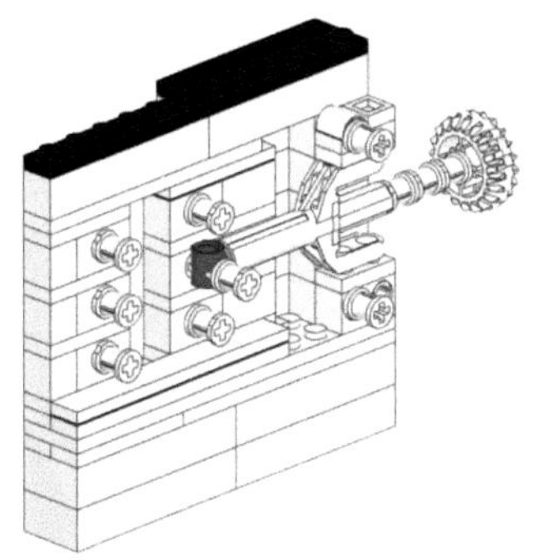

19
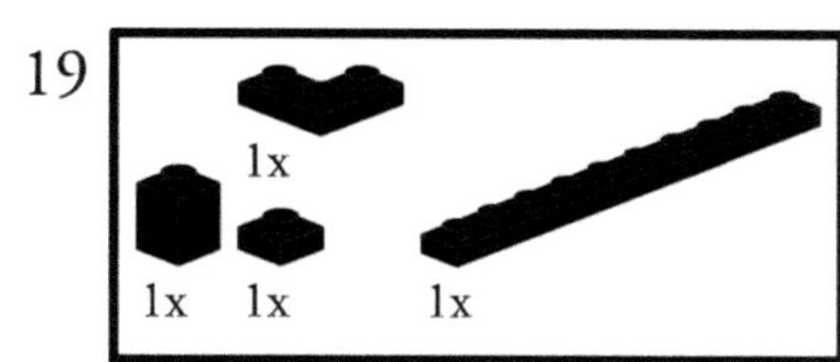

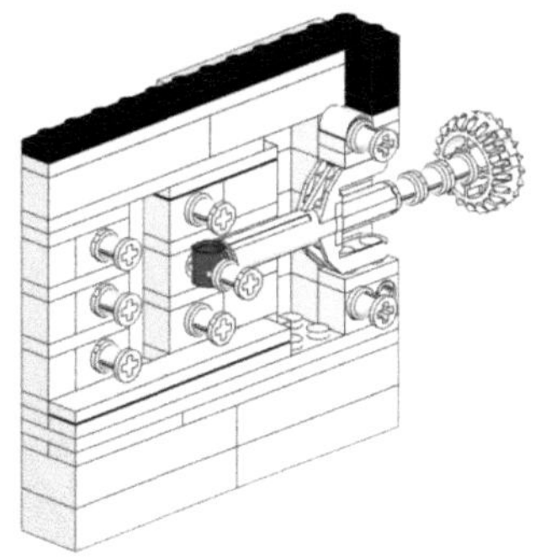

20
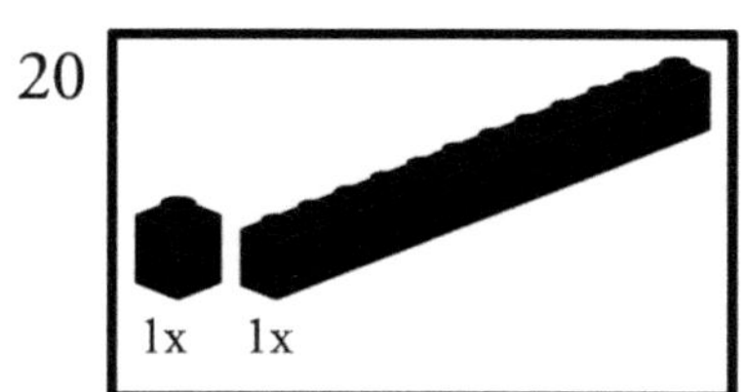

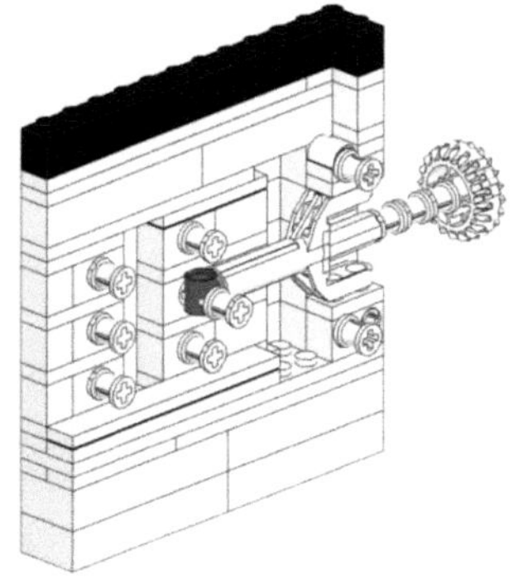

21

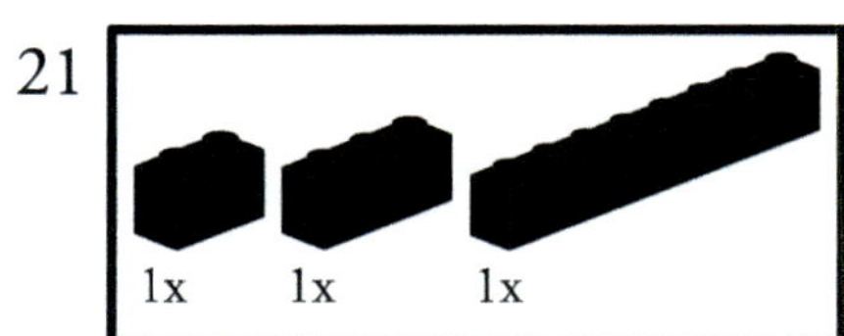

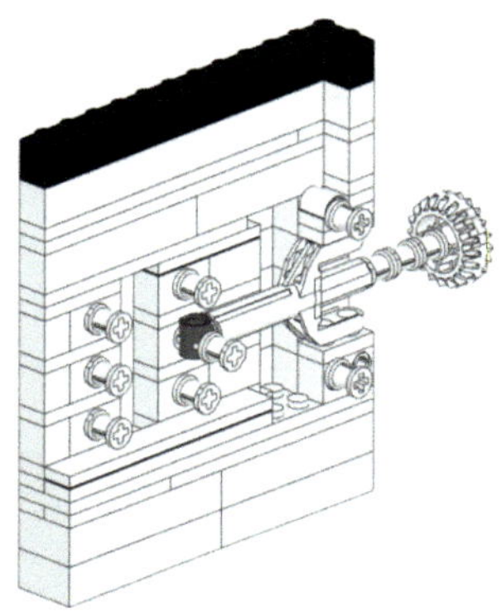

Um den Spalt aufzubauen, benötigst du zusätzlich zwei herkömmliche Rasierklingen, z.B. von der Marke Wilkinson Sword und zwei Haushalts-Gummibänder mit einem Durchmesser von ca. 40 mm.

22

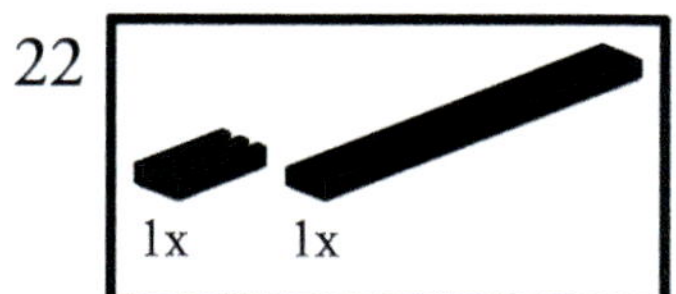

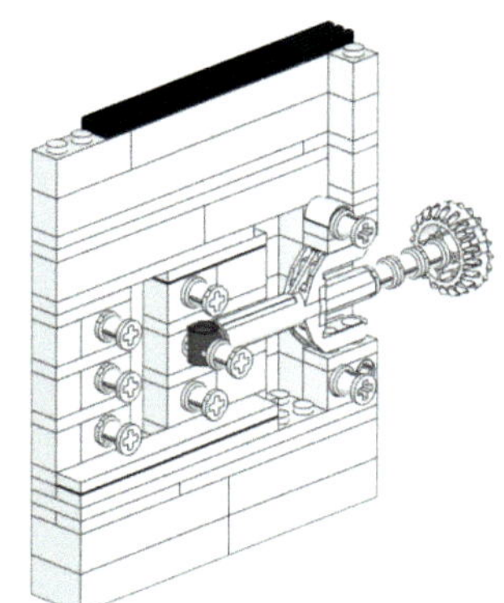

Jetzt baust du die Rasierklingen ein. Vorab folgender Hinweis:

SCHNITTGEFAHR!
Pass beim Einbau der Rasierklingen in den Spalt auf, dass du dich nicht schneidest. Die Rasierklingen sind sehr scharf!

Für den Einbau entfernst du die LEGO® Technic Bushs aus den Aufbauschritten 8 und 10 von den LEGO® Technic Pins. Dann kannst du die Rasierklinge mit der scharfen Seite nach innen gerichtet einlegen und mit den LEGO® Technic Bushs anpressen.

Als letzten Schritt spannst du zwei haushaltsübliche Gummibänder mit einem Durchmesser von ca. 40 mm über die drei überstehenden Pins, wie in Abbildung 10. Du kannst nun die Spaltbreite des Eintrittsspalts sehr präzise und wiederholbar einstellen.

Die Gummibänder reduzieren das »Spiel« in der LEGO®-Mechanik.

Für manche Experimente sind definierte Abstände zwischen den Rasierklingen erforderlich. Hierzu kann man einfach ein Blatt Papier (80 g/m^2) mit bekannter Dicke als Maßstab verwenden und zwischen die Rasierklingen einspannen. Zum Beispiel erhält man eine Spaltbreite von nur 0,128 mm mit handelsüblichem Druckerpapier. Größere Spaltbreiten erhält man mit entsprechend mehrfach geschichtetem Papier oder anderen Papiersorten (z.B. Pappe). Fallen dir weitere Materialien ein? Probier's ruhig mal aus!

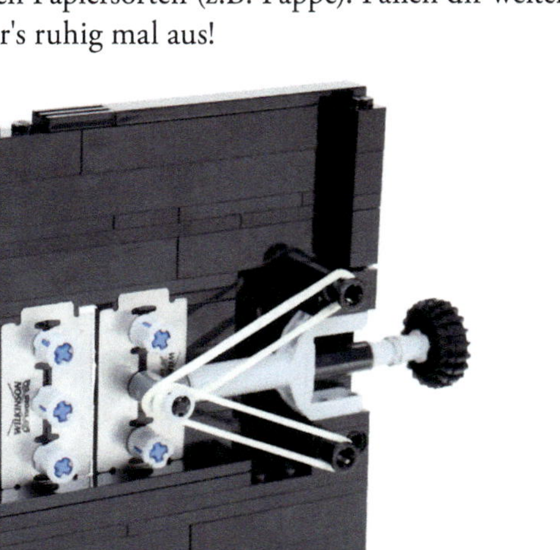

Abbildung 10:
Foto des Eintrittsspalts des Spektrometers aus LEGO®-Bausteinen mit Rasierklingen.

Laser-Hack 5: Halter für Fokussierspiegel bauen

Abbildung 11: *Foto des fertig aufgebauten Halters für den Fokussierspiegel aus LEGO®-Bausteinen.*

In diesem Hack wird der Halter für die mechanische Befestigung des Fokussierspiegels aufgebaut. Über zwei Stellschrauben lässt sich der Spiegel um die horizontale und vertikale Drehachse um wenige Grad verkippen. Diese Einstellmöglichkeiten dienen der genauen Positionierung des Lichtspektrums auf dem Beobachtungsschirm. Der Halter wird zusammen mit einem Teil der Seitenwand des Spektrometers, durch den eine der Stellschrauben nach außen geführt wird, auf dem Breadboard aufgebaut. Damit bleibt der Spiegel auch bei geschlossenem Gehäuse um die vertikale Drehachse justierbar.

Die folgende Bauteilliste fasst alle LEGO®-Bausteine zusammen, die für den Bau des Spiegelhalters benötigt werden.

Anzahl	Bausteinname	Art.-Nr.	Farbe
2	Technic Axle Pin 3L with Friction Ridges Lengthwise and 1L Axle	11214	Dark Bluish Grey
1	Technic Turntable Large Type 3 Top 60 Tooth	18938	Black
1	Technic Turntable Large Type 3 Base	18939	Light Bluish Grey
2	Brick 1 x 1	3005	Black
1	Brick 1 x 8	3008	Black
2	Brick 1 x 6	3009	Black
10	Brick 1 x 12	6112	Black
2	Technic Liftarm 1 x 11.5 Double Bent Thick	32009	Black
1	Technic Liftarm 1 x 5 Thin	32017	Black
7	Technic Pin 3L with Friction Ridges Lengthwise and Stop Bush	32054	Black
1	Technic Axle 2 Notched	32062	Black
5	Technic Axle 5	32073	Light Bluish Grey
12	Technic Bush ½ Smooth	32123	Light Bluish Grey
2	Technic Liftarm 2 x 4 L-Shape Thick	32140	Black
2	Technic Axle and Pin Connector Perpendicular 3L with Center Pin Hole	32184	Black
1	Technic Gear 12 Tooth Double Bevel	32270	Light Bluish Grey
2	Technic Liftarm 1 x 5 Thick	32316	Black
1	Technic Liftarm 1 x 3 Thick	32523	Black
1	Technic Liftarm 1 x 7 Thick	32524	Black
5	Technic Liftarm 3 x 5 L-Shape Thick	32526	Black
2	Plate 1 x 6	3666	Black
14	Technic Pin with Friction Ridges with Center Slots	2780	Black
1	Technic Brick 1 x 2 with Hole	3700	Black
3	Technic Axle 4	3705	Light Bluish Grey
2	Technic Axle 6	3706	Light Bluish Grey

Halter für Fokussierspiegel bauen

Anzahl	Bausteinname	Art.-Nr.	Farbe
4	Technic Bush	3713	Light Bluish Grey
1	Technic Axle 10	3737	Black
2	Technic Axle Pin with Friction Ridges Lengthwise	43093	Blue
2	Technic Axle 7	44294	Light Bluish Grey
1	Technic Axle 3	4519	Light Bluish Grey
3	Technic Axle Connector Double Flexible (Rubber)	45590	Black
4	Technic Liftarm 1 x 2 Thin	41677	Black
2	Technic Brick 1 x 6 with Holes	3894	Black
1	Tile 1 x 8	4162	Black
1	Technic Gear Worm Screw Long	4716	Light Bluish Grey
1	Technic Axle Connector 2L	59443	Black
1	Plate 1 x 12	60479	Black
2	Technic Liftarm 3 x 3 T-Shape Thick	60484	Black
2	Technic Axle Pin Connector Perpendicular	6536	Black
12	Technic Pin 3L with Friction Ridges Lengthwise	6558	Blue
1	Technic Axle 3 with Stud	6587	Tan
2	Technic Liftarm 1 x 9 Bent (6-4) Thick	6629	Black
1	Technic Gear 16 Tooth (Second Version Reinforced)	94925	Light Bluish Grey
2	Technic Universal Joint 3L	62520c01	Light Bluish Grey
1	Technic Liftarm 5 x 7 Open Center Frame Thick	64179	Light Bluish Grey
1	Technic Linear Actuator Mini with Dark Bluish Grey Head and Orange Axle	92693c01	Light Bluish Grey

Wenn du alle Bausteine zusammengestellt hast, kannst du mit dem Aufbau loslegen. Die Anleitung beginnt mit der Verdreheinheit um die vertikale Drehachse.

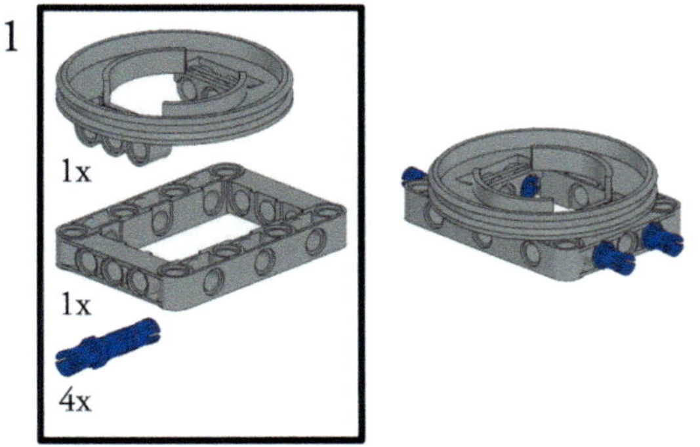

3

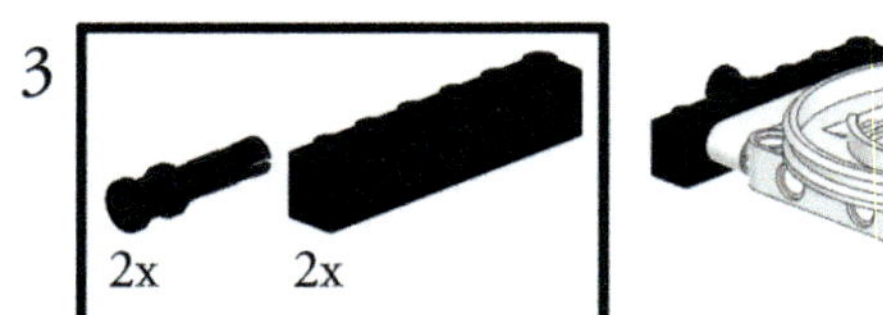

4

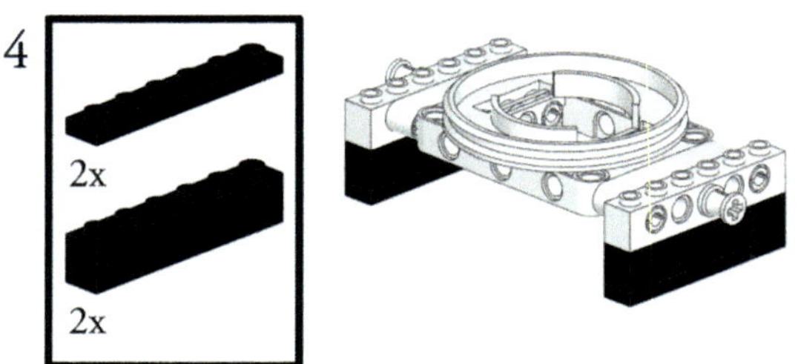

Basiselement der Drehkonstruktion ist der Drehkranz, der bei vielen LEGO® Systembaukästen, wie dem LEGO® Technic™ Kranwagen eine wichtige Rolle spielt.

5

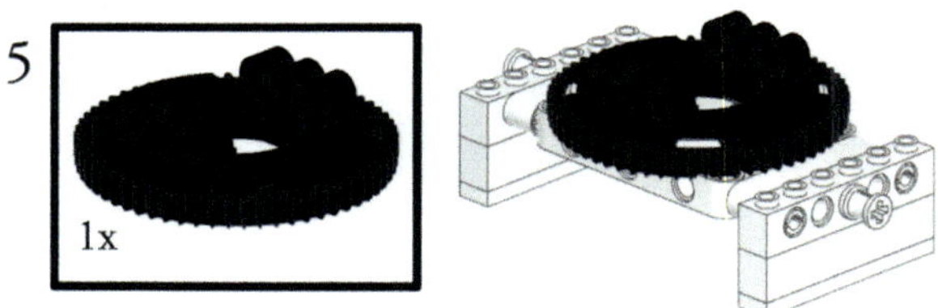

1

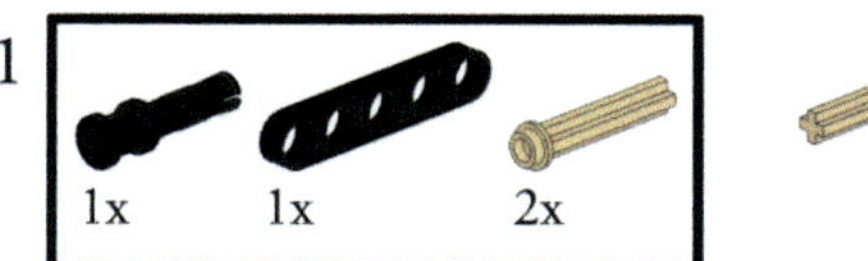

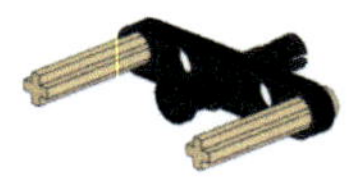

2

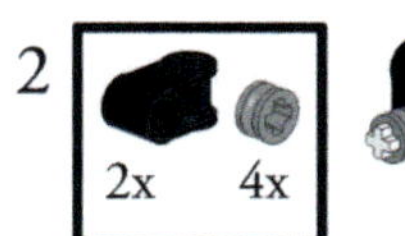

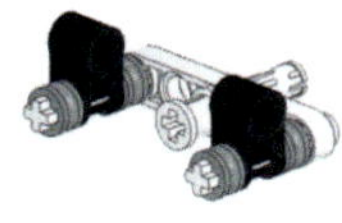

3

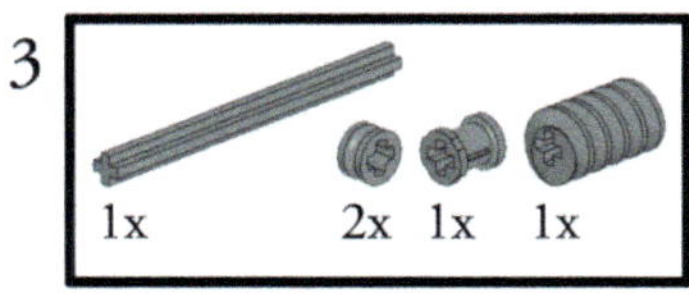

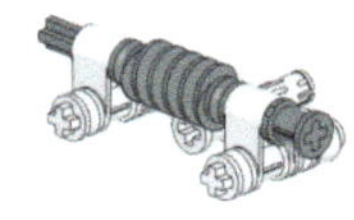

6

Ab diesem Bauschritt verfügt der Spiegelhalter über seine Drehfunktion um die vertikale Achse.

Der maximale Drehwinkel beträgt 360°. Eine Zahnradumdrehung entspricht 5,8°. Du kannst eine Winkelgenauigkeit von unter 0,5° erreichen.

1

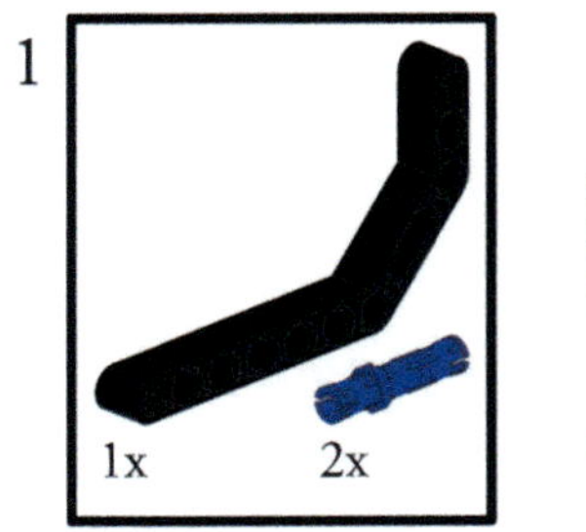

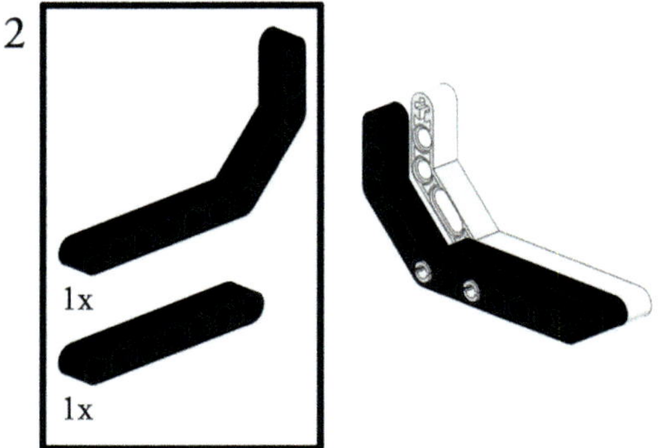
2
1x
1x

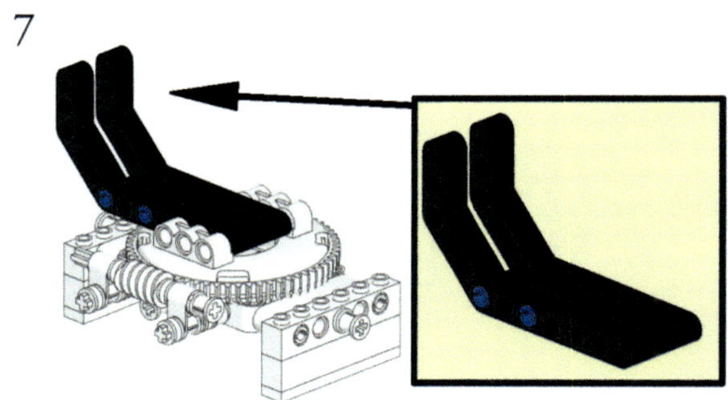
7

8

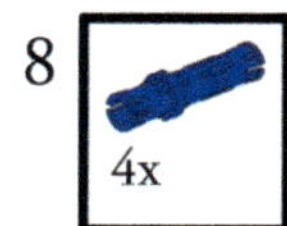

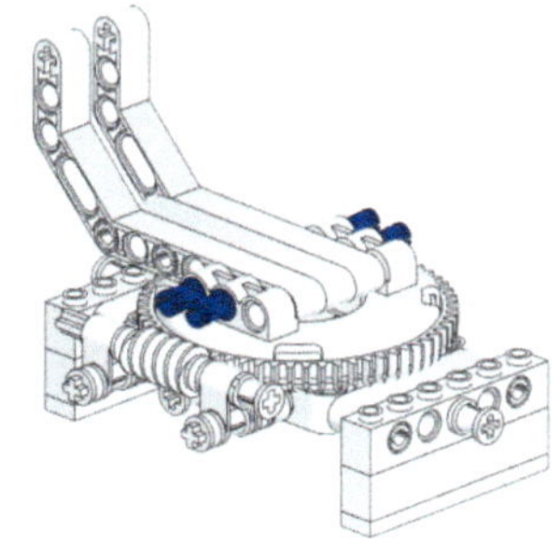

9

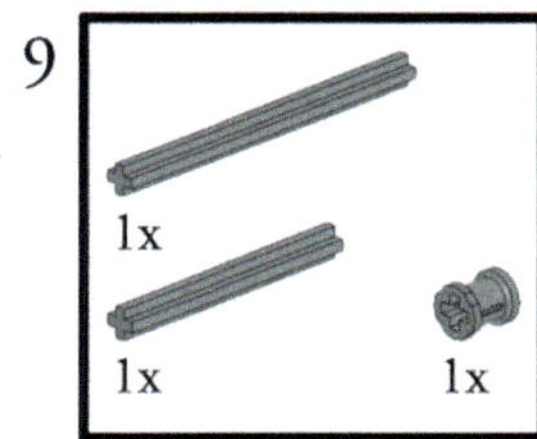

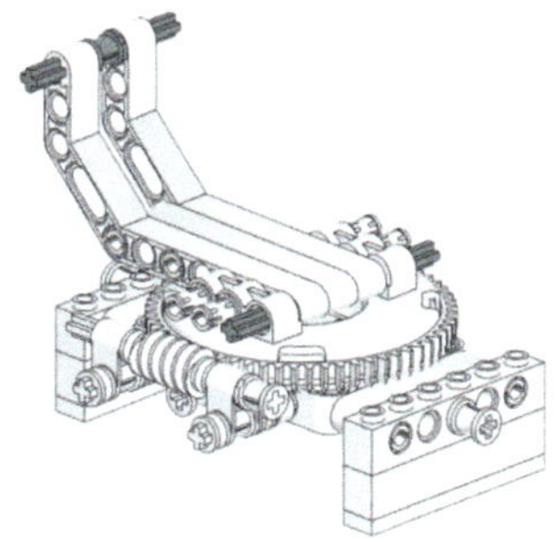

10

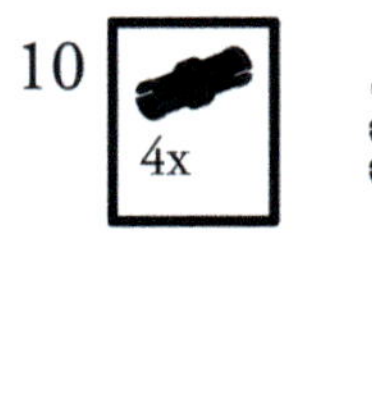

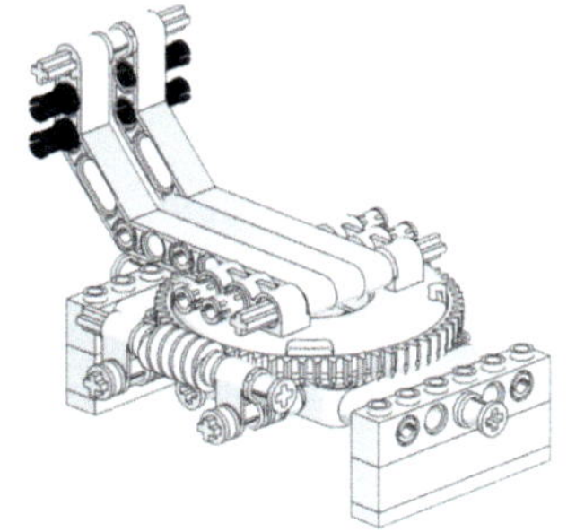

11

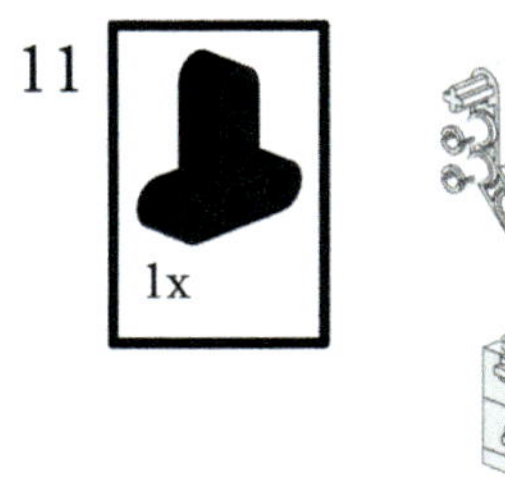

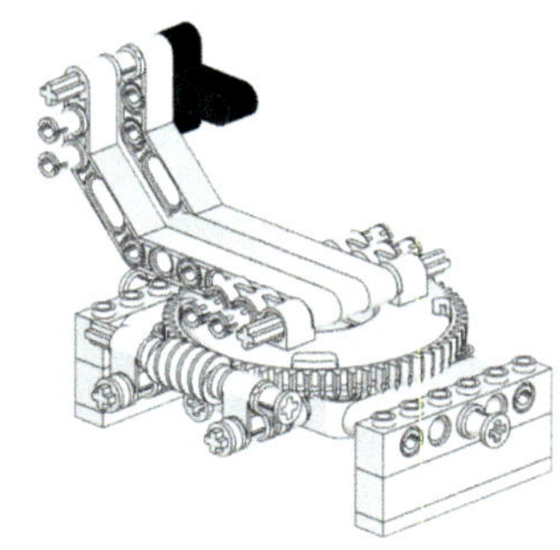

1

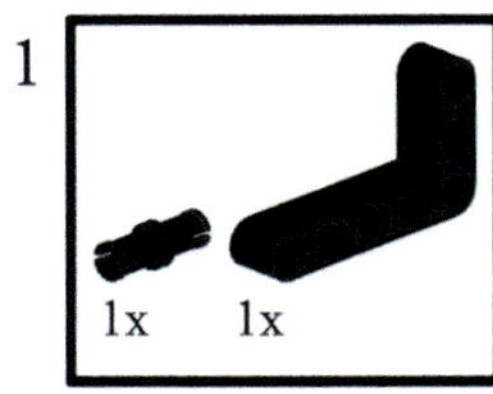

2

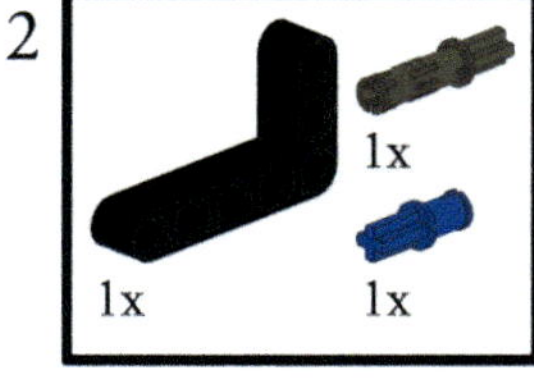

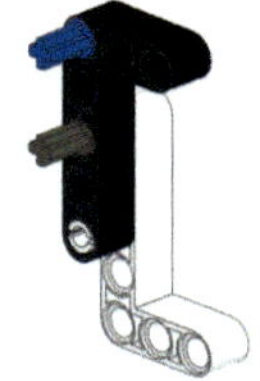

3

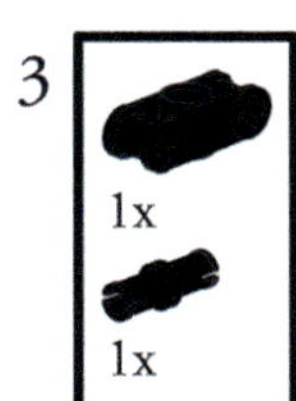

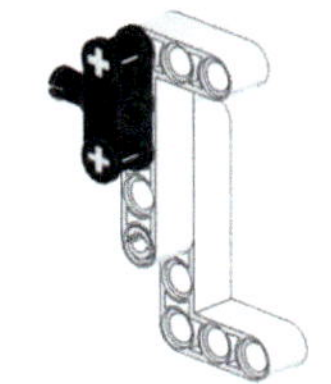

12

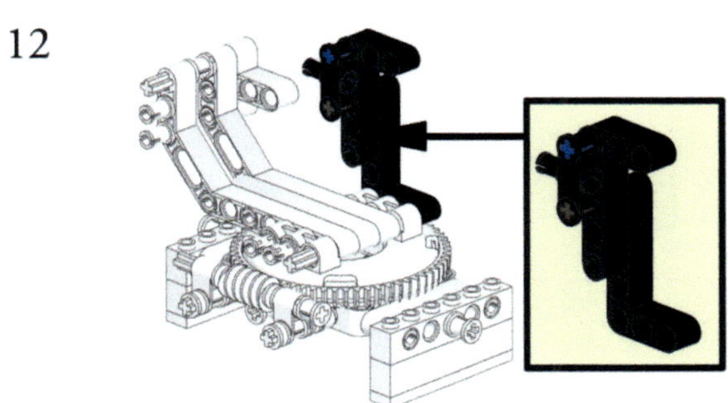

13

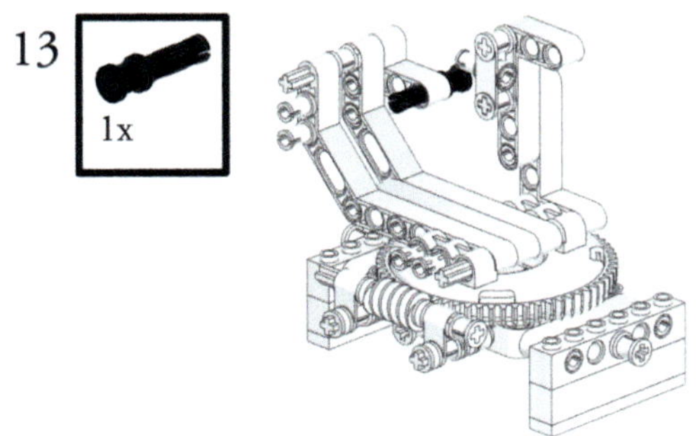

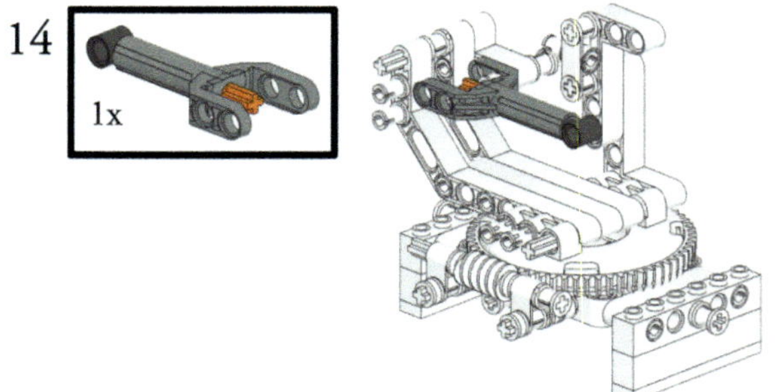
14
1x

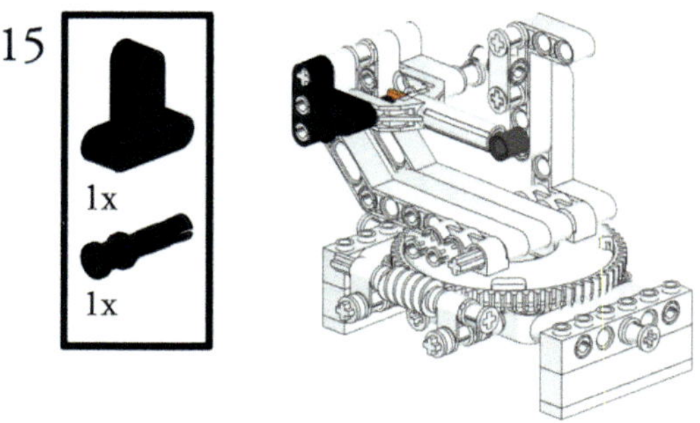
15
1x
1x

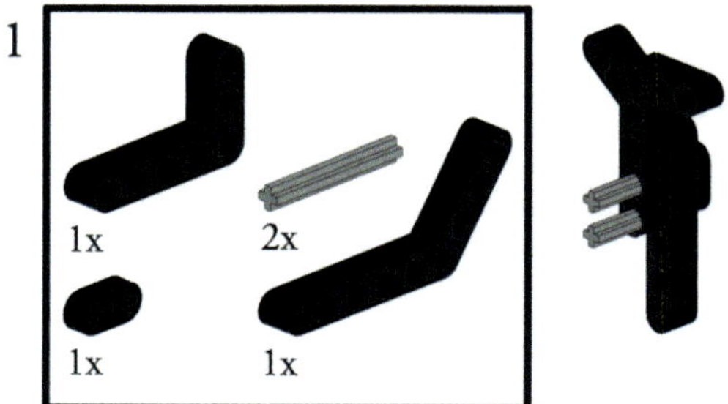
1
1x
2x
1x
1x

2

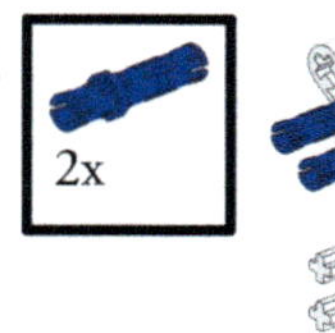

3

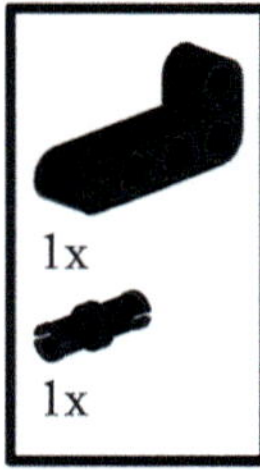

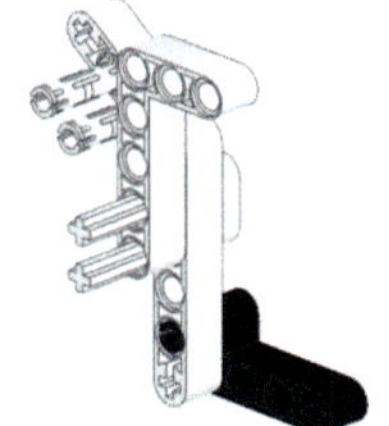

4

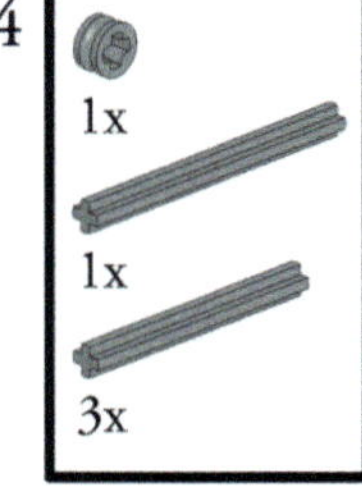

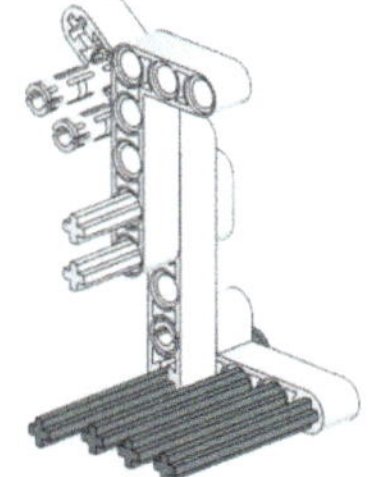

5

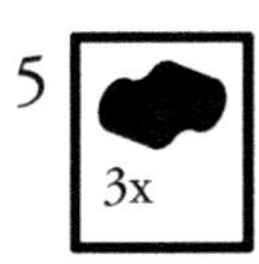

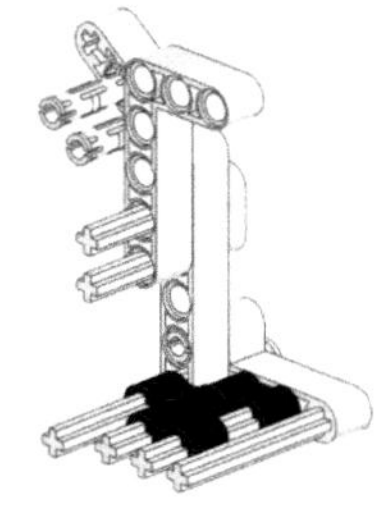

6

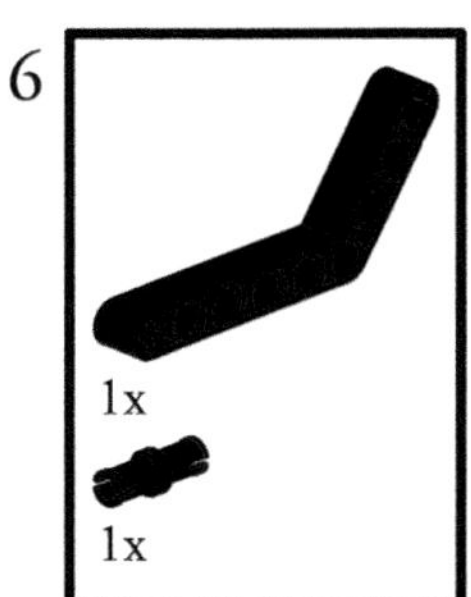

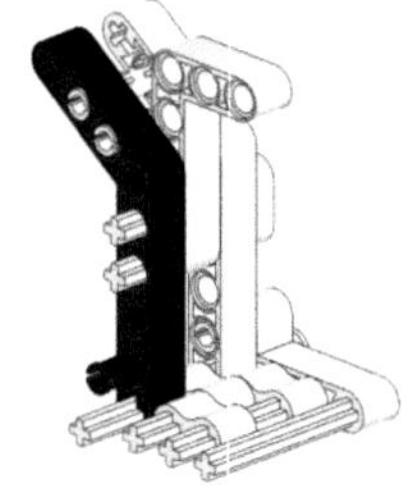

7

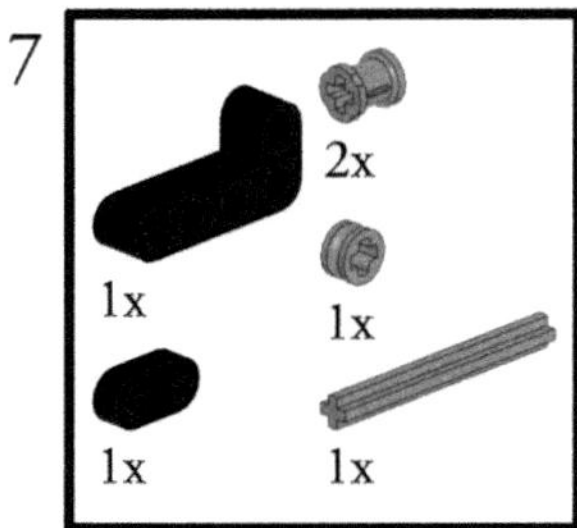

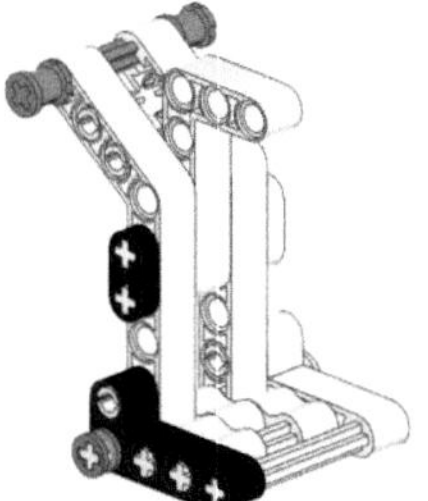

16

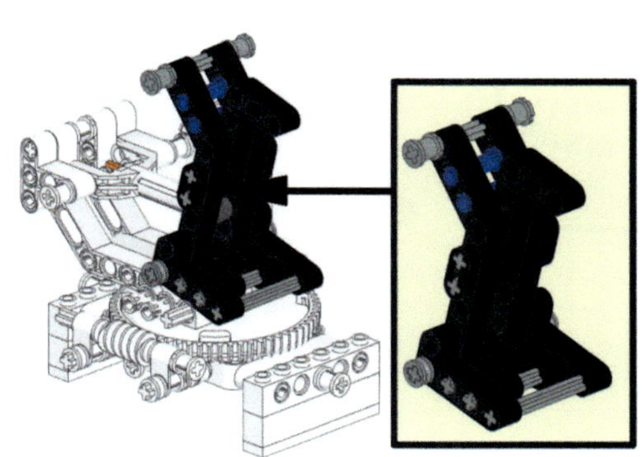

In dieser Halterung wird später der Fokussierspiegel mit einem Durchmesser von ca. 50 mm befestigt.

17

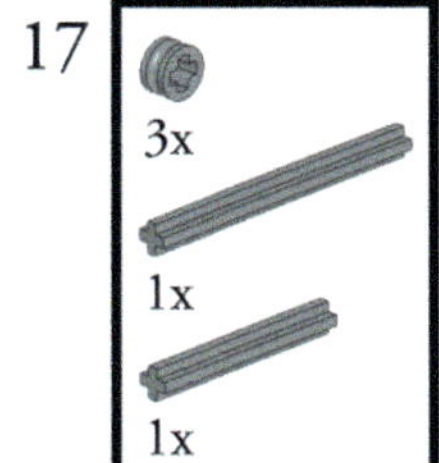

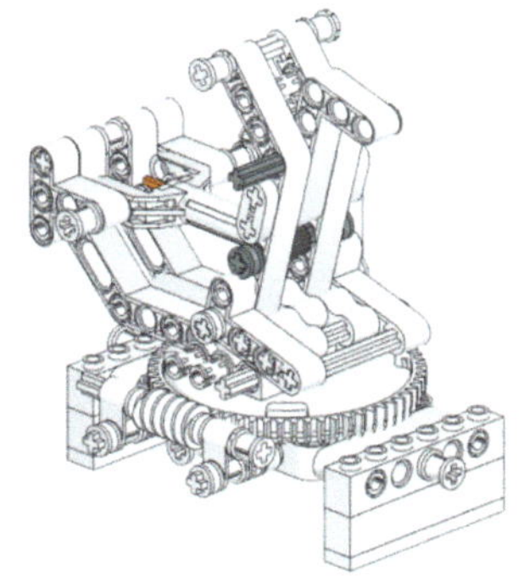

1

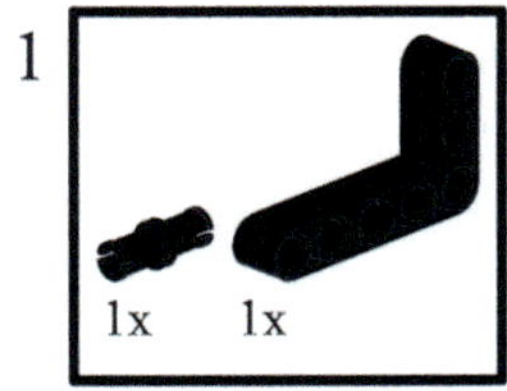

2

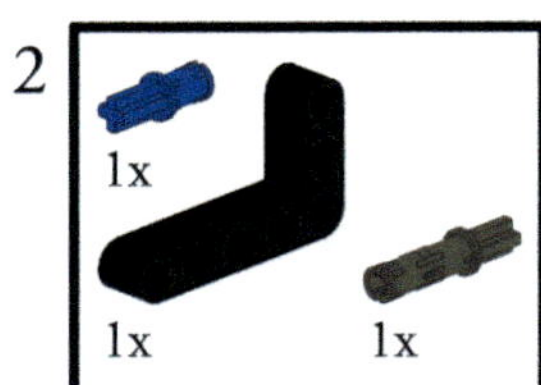

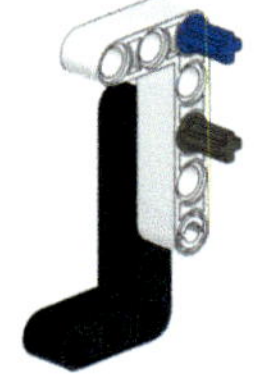

3

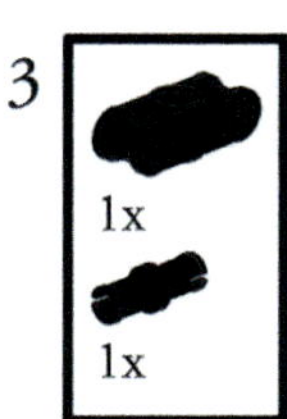

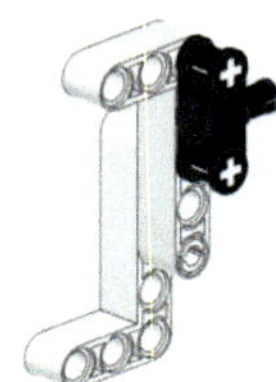

18

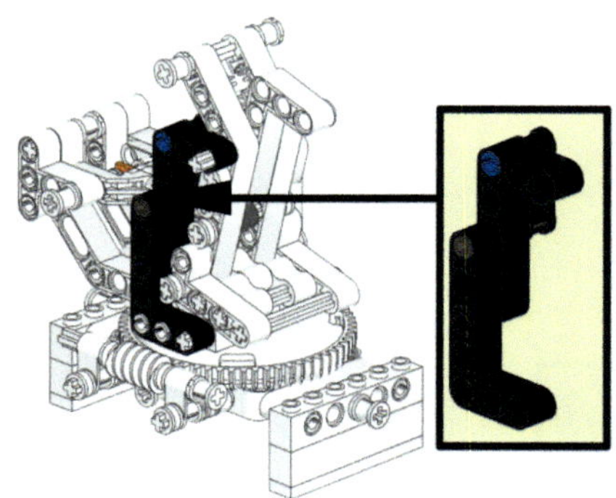

19
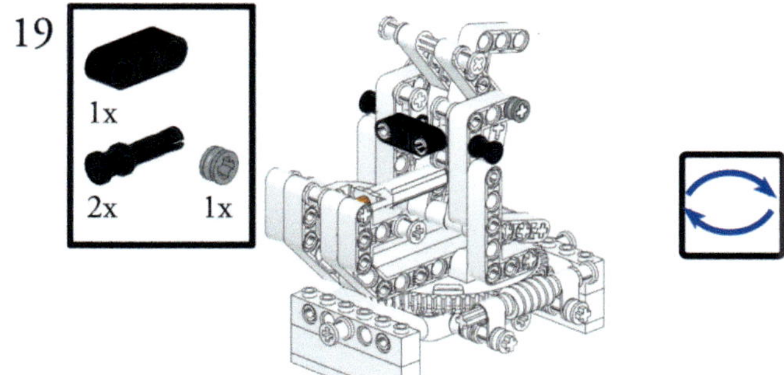

20
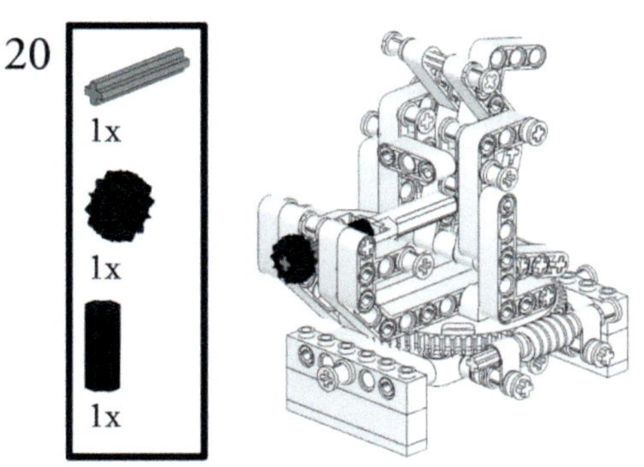

Ab diesem Bauschritt verfügt der Spiegelhalter über die Kippfunktion um die horizontale Drehachse.

Der maximale Neigungswinkel beträgt 52°. Eine Zahnraddrehung entspricht dabei 4,8°. Du kannst eine Winkelgenauigkeit von unter 0,5° erreichen.

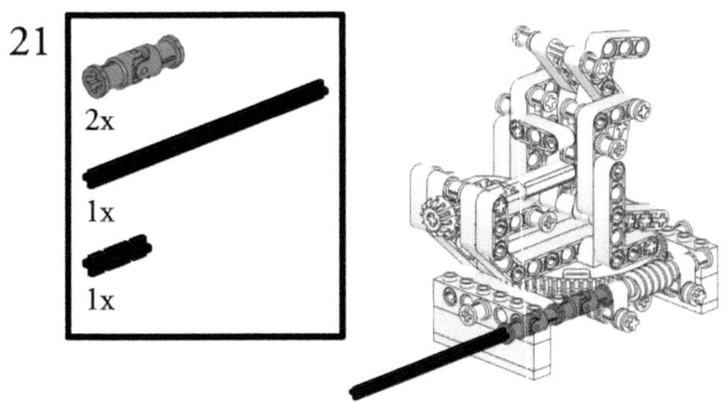
21
2x
1x
1x

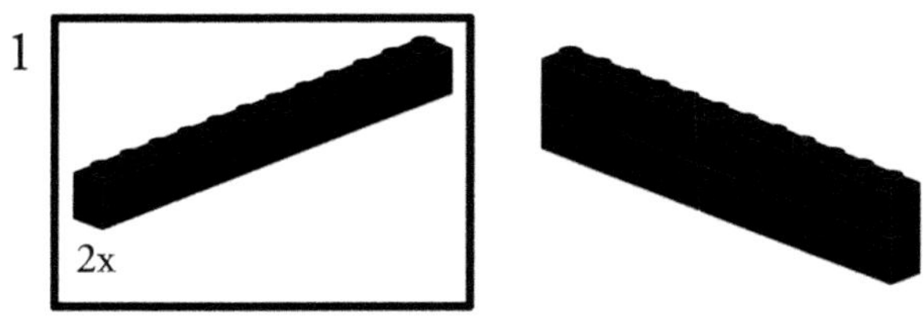
1
2x

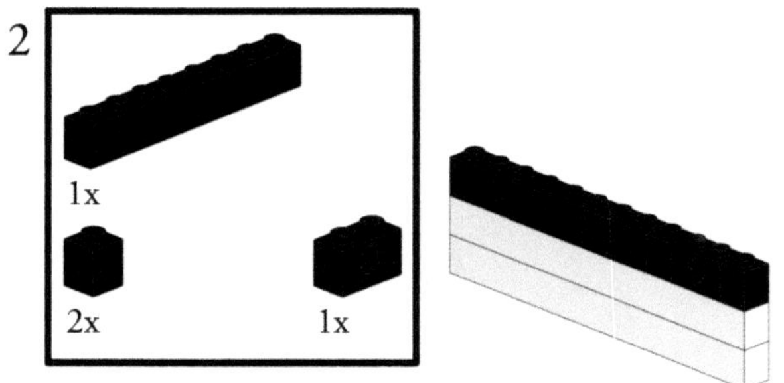
2
1x
2x
1x

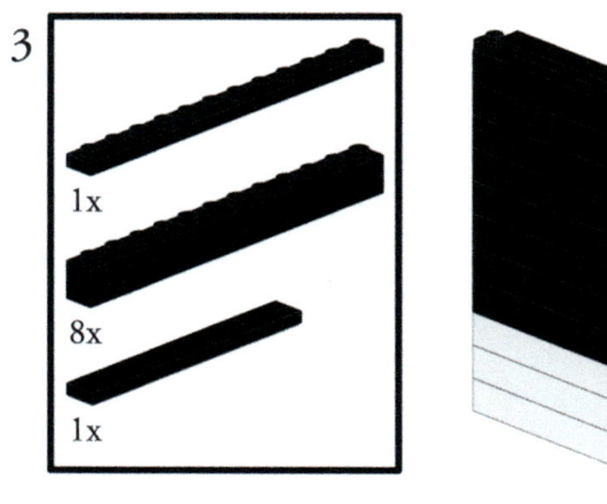

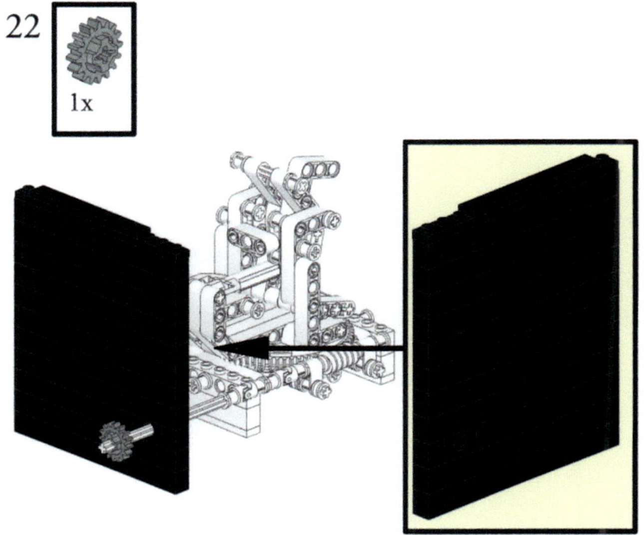

Der Spiegelhalter ist nun fertig aufgebaut und du kannst dich mit der Funktion und den Einstellmöglichkeiten vertraut machen. Versuche dabei Praxis darin zu bekommen, möglichst kleine Verkippwinkel einstellen zu können. Das erfordert viel Übung und Feingefühl bei der Justage.

Als Spiegel dient ein dielektrisch beschichteter Konkavspiegel mit 50 mm Durchmesser und einer Brennweite von *f* = 200 mm (Art-Nr.: CM508-200-E02). Den Spiegel habe ich bei der Firma Thorlabs GmbH gekauft, die sich auf Optikkomponenten für Industrie und Forschung spezialisiert hat.

Sollte die Intensität des Lichts für deine Experimente keine große Rolle spielen, kannst du alternativ auch einen formgleichen Spiegel der Firma Thorlabs verwenden (Art-Nr.: CM508-200-P01)

Jetzt kann der Fokussierspiegel eingesetzt werden. Nimm dazu den Spiegel vorsichtig aus der Verpackung und bau ihn in die Halterung ein. Dazu klemmst du den Spiegel zwischen den L-förmigen LEGO®-Baustein und den Gummistein, so wie in der Abbildung gezeigt, ein. Die Passung ist sehr eng, damit der Spiegel fest in der Halterung sitzt. Auch beim Spiegelhalter kannst du das Spiel in der LEGO®-Mechanik reduzieren, indem du vier Haushalts-Gummibänder an den überstehenden LEGO® Pins anbringst.

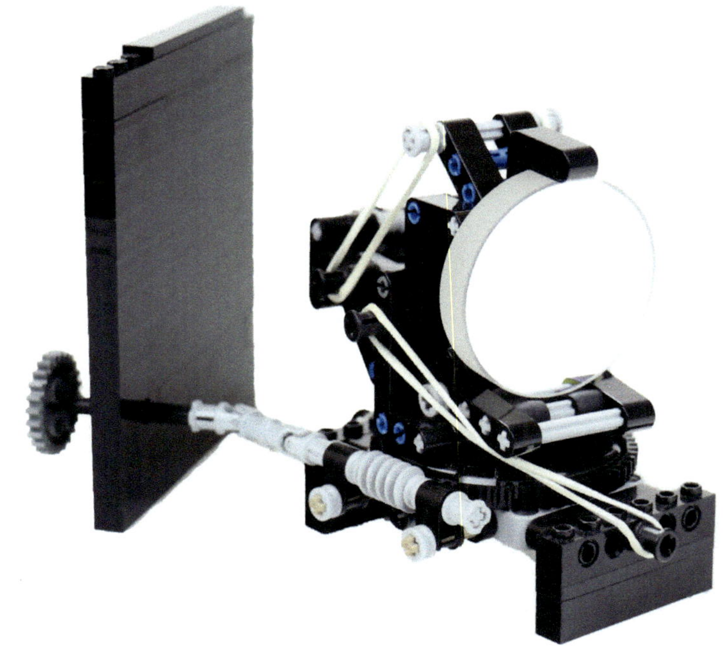

Abbildung 12:
Foto des fertig aufgebauten Halters für den Fokussierspiegel mit eingebautem sphärischem Konkavspiegel und Gummibändern.

ACHTUNG!

Nicht auf die spiegelnde Oberfläche des Spiegels fassen! Im Gegensatz zu herkömmlichen Spiegeln befindet sich die spiegelnde Oberfläche nicht hinter einer schützenden Glasschicht. Berührungen der Oberfläche können den Spiegel dauerhaft beschädigen.

Bei den Spiegeln im Spektrometer handelt es sich um Konkavspiegel (auch Hohlspiegel genannt). Durch die Wölbung der Spiegel, wird das auf den Spiegel treffende Licht auf einen Punkt, den Brennpunkt (Fokus F), fokussiert. Die Entfernung des Brennpunktes zur zentralen Achse des Spiegels wird Brennweite *f* genannt. Die Funktion eines Konkavspiegels lässt sich mithilfe der geometrischen Optik und dem Spiegelgesetz »Einfallswinkel gleich Ausfallswinkel« sehr gut veranschaulichen.

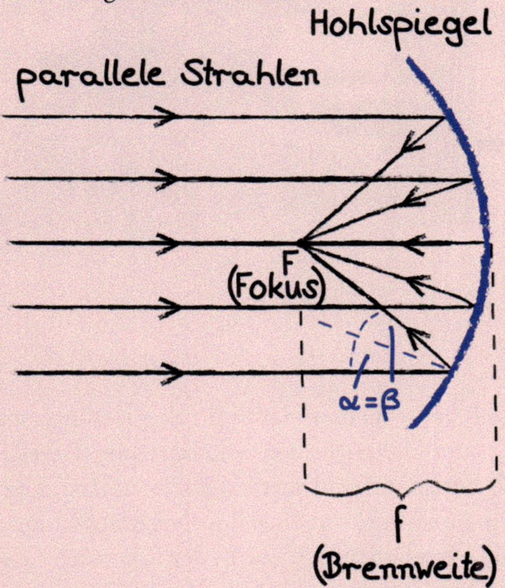

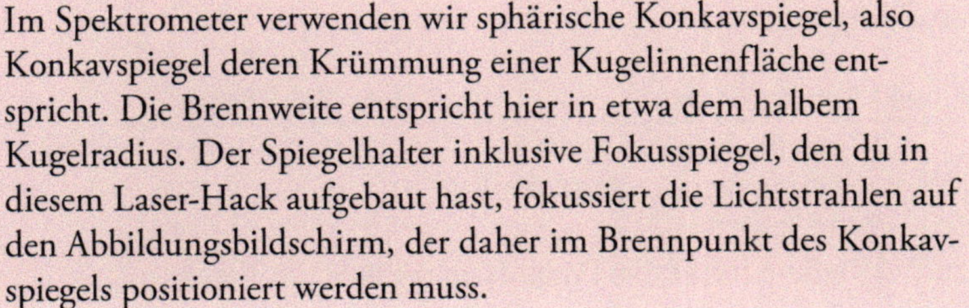

Im Spektrometer verwenden wir sphärische Konkavspiegel, also Konkavspiegel deren Krümmung einer Kugelinnenfläche entspricht. Die Brennweite entspricht hier in etwa dem halbem Kugelradius. Der Spiegelhalter inklusive Fokusspiegel, den du in diesem Laser-Hack aufgebaut hast, fokussiert die Lichtstrahlen auf den Abbildungsbildschirm, der daher im Brennpunkt des Konkavspiegels positioniert werden muss.

Im nächsten Laser-Hack wird der Kollimatorspiegel aufgebaut, dessen Brennpunkt mit dem Eintrittsspalt zusammenfällt. Es ist daher wichtig, dass die Brennweite beider Konkavspielgel im Strahlengang einjustiert werden kann. Der folgende Halter weist daher einen Linearverschiebetisch auf.

Der Spiegelhalter, den du in diesem Hack aufgebaut hast, benötigt keinen Linearverschiebetisch, da der Detektor, auf den das Licht fokussiert wird, (Laser-Hack 13) mit einem solchen ausgestattet ist.

Laser-Hack 6: Halter für Kollimatorspiegel bauen

Abbildung 13: *Foto des fertig aufgebauten Halters für den Kollimatorspiegel aus LEGO®-Bausteinen.*

> Als Spiegel wird hier ein Konkavspiegel mit 25 mm Durchmesser und einer Brennweite von f = 200 mm verwendet (Art-Nr.: CM254-200-E02 der Firma Thorlabs GmbH).
>
> Sollte die Intensität des Lichts für deine Experimente keine große Rolle spielen, kannst du alternativ auch einen formgleichen Spiegel der Firma Thorlabs GmbH verwenden (Art-Nr.: CM254-200-P01)

In diesem Hack baust du den Halter für den Kollimatorspiegel auf. Im Gegensatz zum Halter für den Fokussierspiegel, welcher sich ausschließlich horizontal und vertikal justieren lässt, kann der Halter für den Kollimatorspiegel mit einer Justierschraube linear in Richtung des Spalts verschoben werden. In der folgenden Liste sind alle Bauteile zu finden, die für den Aufbau des Kollimatorspiegelhalters notwendig sind:

Anzahl	Bausteinname	Art.-Nr.	Farbe
2	Technic Axle Pin 3L with Friction Ridges Lengthwise and 1L Axle	11214	Dark Bluish Grey
1	Technic Turntable Large Type 3 Top 60 Tooth	18938	Black
1	Technic Turntable Large Type 3 Base	18939	Light Bluish Grey
1	Brick 2 x 2	3003	Black
4	Brick 1 x 2	3004	Black
10	Brick 1 x 4	3010	Black

Anzahl	Bausteinname	Art.-Nr.	Farbe
3	Plate 2 x 2	3022	Black
2	Plate 1 x 2	3023	Black
1	Plate 6 x 12	3028	Black
3	Plate 4 x 10	3030	Black
2	Plate 2 x 8	3035	Dark Bluish Grey
2	Technic Brick 1 x 2 with Holes	32000	Black
2	Technic Liftarm 1 x 11.5 Double Bent Thick	32009	Black
1	Technic Axle and Pin Connector Angled # 1	32013	Black
1	Technic Liftarm 1 x 5 Thin	32017	Black
7	Technic Pin 3L with Friction Ridges Lengthwise and Stop Bush	32054	Black
5	Technic Axle 5	32073	Light Bluish Grey
15	Technic Bush ½ Smooth	32123	Light Bluish Grey
3	Technic Liftarm 2 x 4 L-Shape Thick	32140	Black
2	Technic Axle and Pin Connector Perpendicular 3L with Center Pin Hole	32184	Black
1	Technic Gear 12 Tooth Double Bevel	32270	Light Bluish Grey
2	Technic Liftarm 1 x 5 Thick	32316	Black
1	Technic Liftarm 1 x 3 Thick	32523	Black
1	Technic Liftarm 1 x 7 Thick	32524	Black
4	Technic Liftarm 3 x 5 L-Shape Thick	32526	Black
7	Plate 1 x 8	3406	Black
14	Technic Pin with Friction Ridges with Center Slots	2780	Black
3	Technic Brick 1 x 2 with Hole	3700	Black
1	Technic Axle 4	3705	Light Bluish Grey
2	Technic Axle 6	3706	Light Bluish Grey
1	Technic Axle 8	3707	Black
1	Technic Axle 12	3708	Black
1	Plate 1 x 4	3710	Black

Anzahl	Bausteinname	Art.-Nr.	Farbe
9	Technic Bush	3713	Light Bluish Grey
3	Technic Gear Rack 1 x 4	3743	Black
5	Technic Axle Pin with Friction Ridges Lengthwise	43093	Blue
2	Technic Brick 1 x 6 with Holes	3894	Black
2	Technic Gear 16 Tooth	4019	Light Bluish Grey
4	Tile 1 x 8	4162	Black
2	Technic Axle 7	44294	Light Bluish Grey
2	Technic Axle 3	4519	Light Bluish Grey
3	Technic Axle Connector Double Flexible (Rubber)	45590	Black
3	Technic Gear Worm Screw Long	4716	Light Bluish Grey
1	Technic Axle Connector 2 L (Smooth with x Hole + Orientation)	59443	Black
4	Plate 1 x 12	60479	Black
2	Technic Liftarm 3 x 3 T-Shape Thick	60484	Black
1	Brick 1 x 10	6111	Black
11	Brick 1 x 12	6112	Black
2	Plate Pound 1 x 1	4073	Black
2	Technic Universal Joint 3L	62520c01	Light Bluish Grey
1	Technic Liftarm 5 x 7 Open Center Frame Thick	64179	Light Bluish Grey
2	Technic Axle and Pin Connector Perpendicular	6536	Black
14	Technic Pin 3L with Friction Ridges Lengthwise	6558	Blue
2	Technic Axle 3 with Stud	6587	Tan
2	Technic Liftarm 1 x 9 Bent (6 – 4) Thick	6629	Black
1	Tile 1 x 6	6636	Black
2	Plate 8 x 16	92438	Dark bluish Grey
1	Technic Linear Actuator Mini with Dark Bluish Grey Head and Orange Axle	92693c01	Light Bluish Grey

Die Aufbauanleitung auf den nächsten Seiten führt dich durch den vergleichsweise komplexen Aufbau des Halters für den Kollimatorspiegel. Eine Reihe von Schritten ähneln dem Halter für den Fokussierspiegel und werden dir daher bekannt vorkommen. Abweichungen entstehen aus dem zusätzlichen Freiheitsgrad, der eine präzise Verschiebung des Konkavspiegels entlang der Achse der Lichtstrahlen ermöglicht. Durch diese zusätzliche Einstellungsmöglichkeit kann der Spiegel so ausgerichtet werden, dass der Fokus mit der Position des Eintrittsspalts zusammenfällt. Die horizontale und vertikale Justagemöglichkeiten erlauben die präzise Umlenkung der Lichtstrahlen auf das Reflexionsgitter.

1

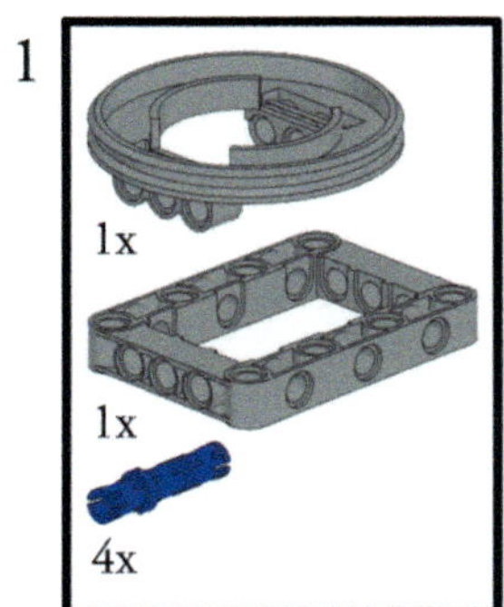

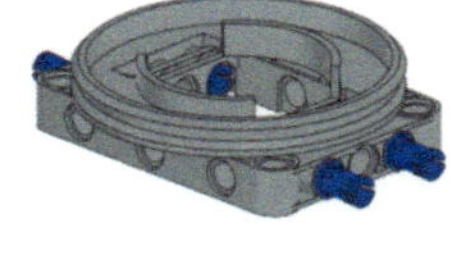

2
4x
2x

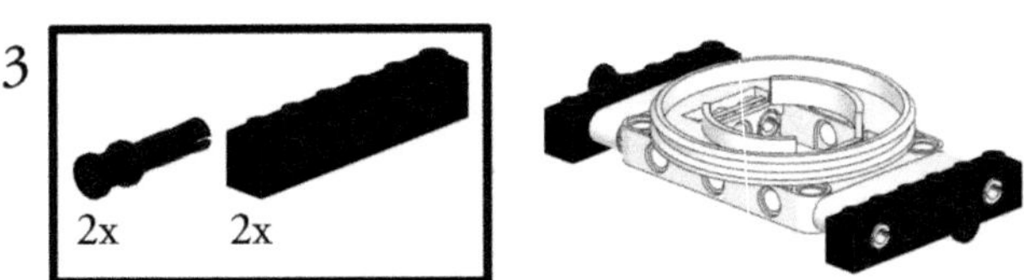
3
2x
2x

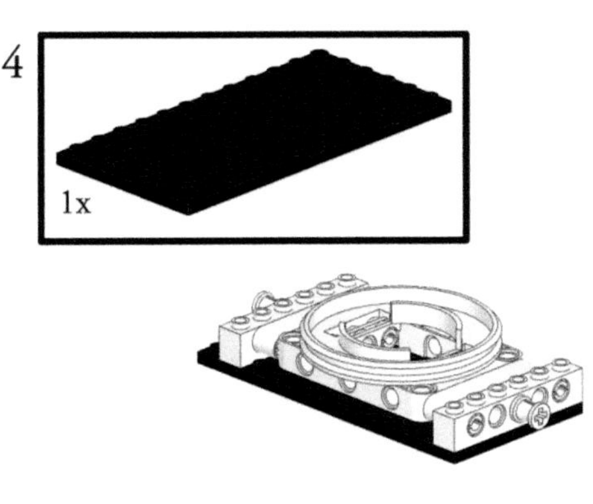
4
1x

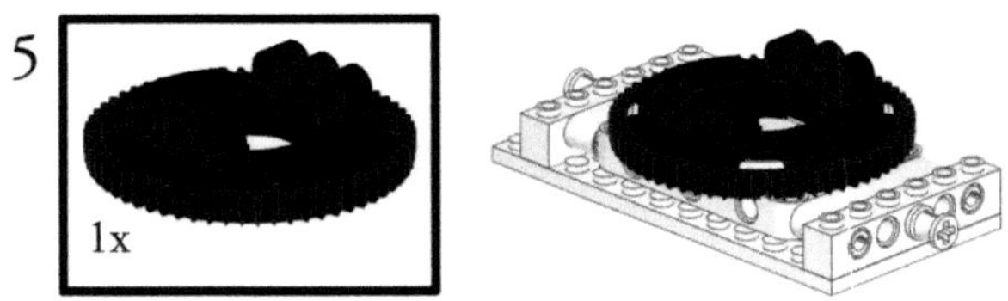
5
1x

1

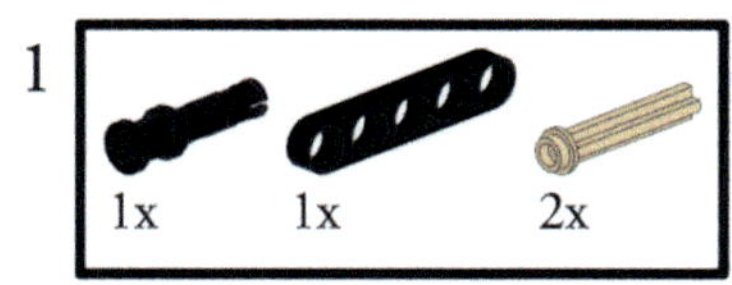

2

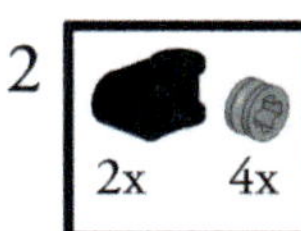

3

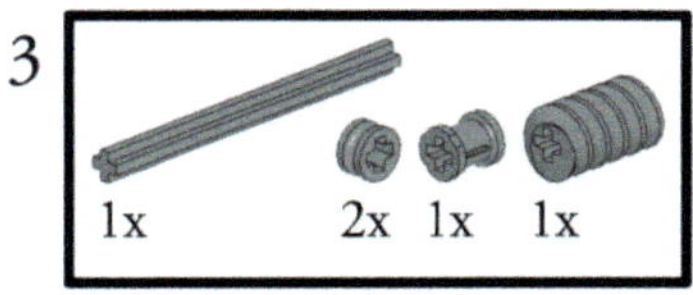

Ab diesem Bauschritt verfügt der Halter über seine Drehfunktion. Diese Achse hat einen maximalen Drehwinkel von 360°. Eine Zahnradumdrehung entspricht 5,8°. Du kannst eine Winkelgenauigkeit von unter 0,5° erreichen.

6

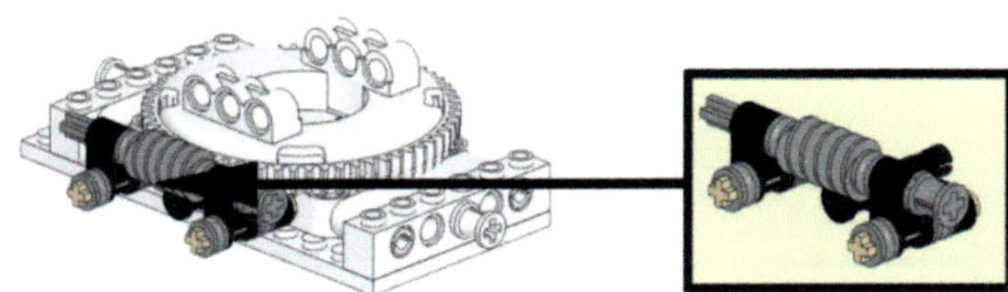

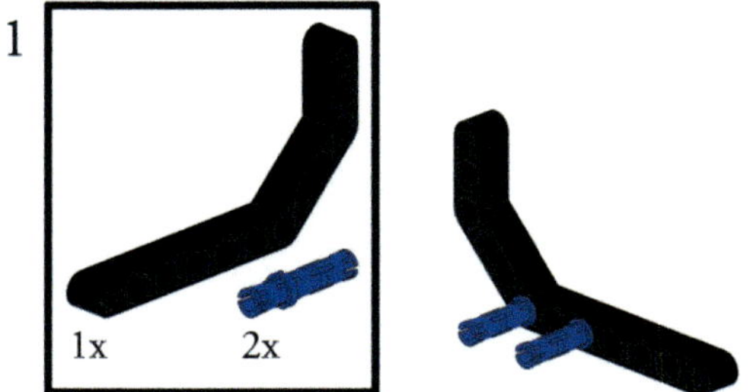
1
1x
2x

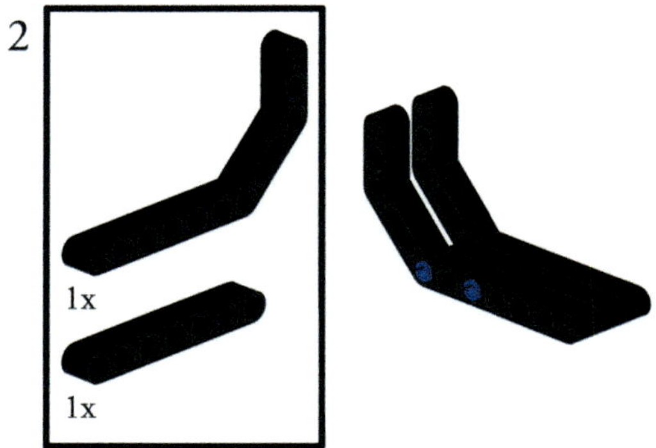
2
1x
1x

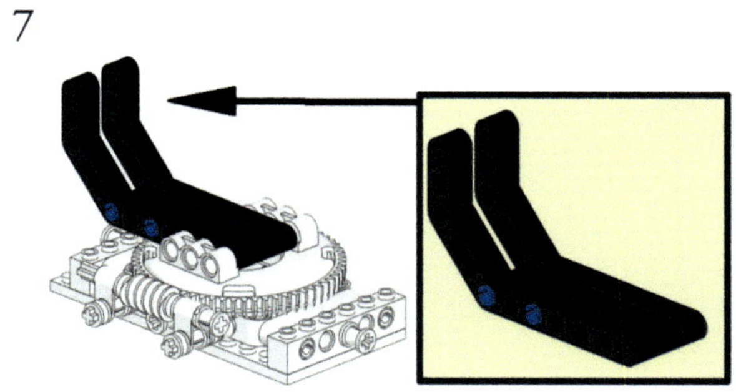
7

8

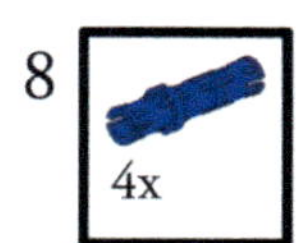

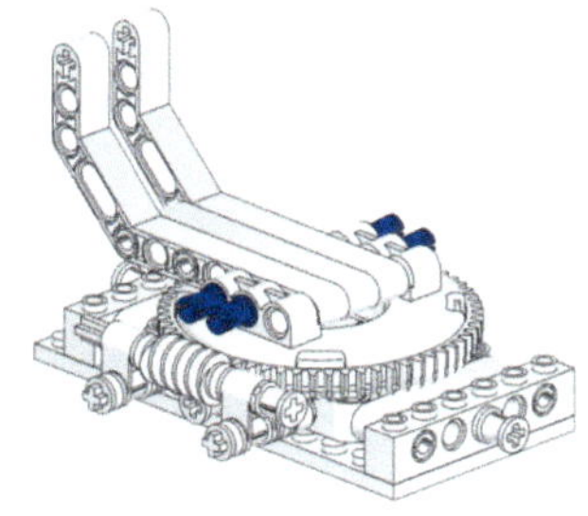

9

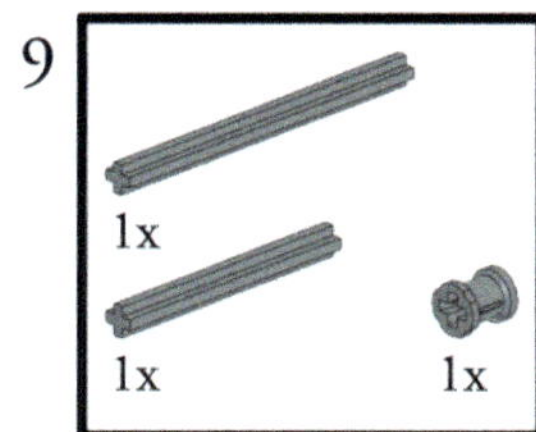

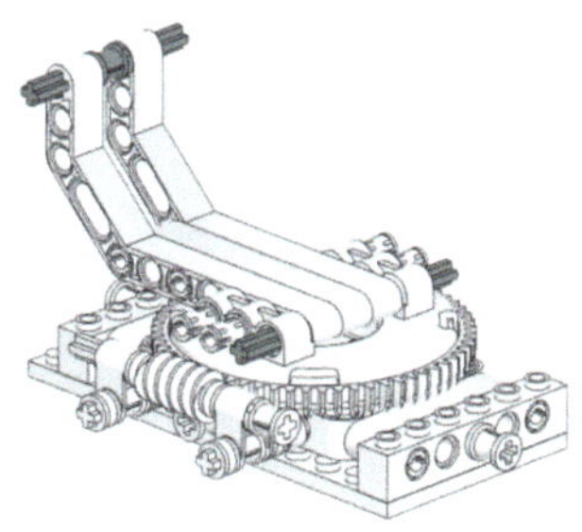

10

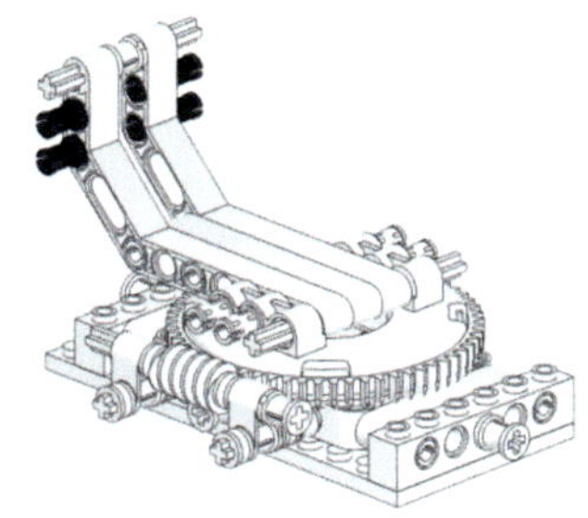

11

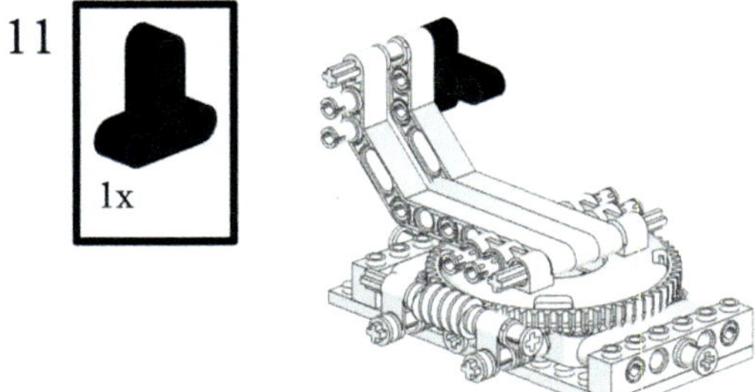

1

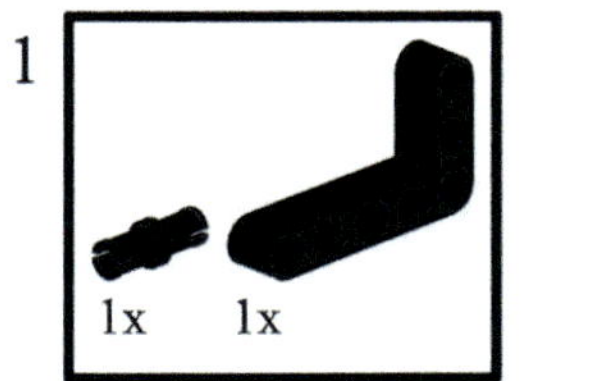

2

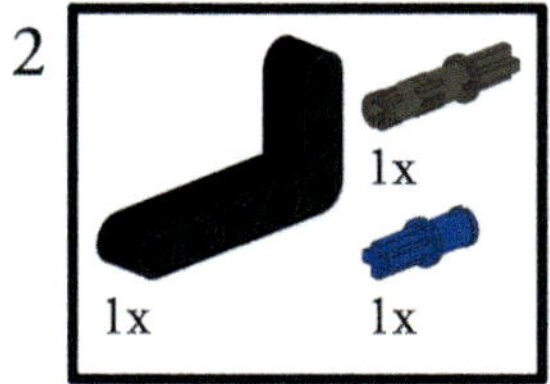

3
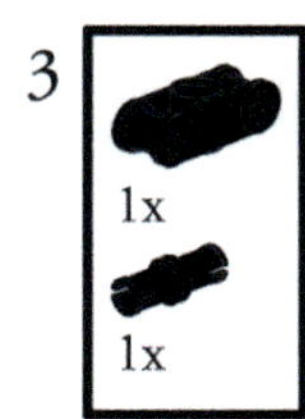

12
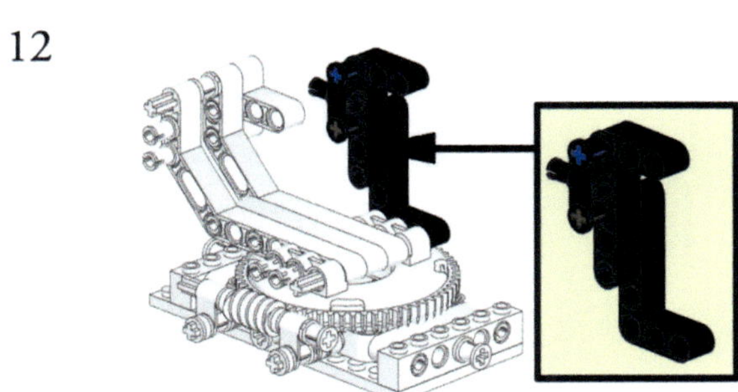

13
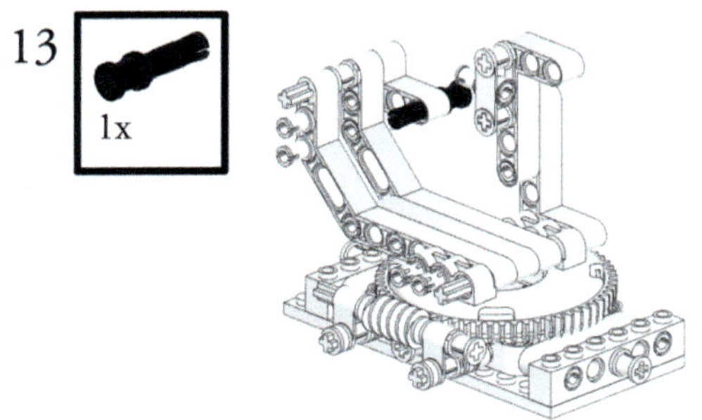

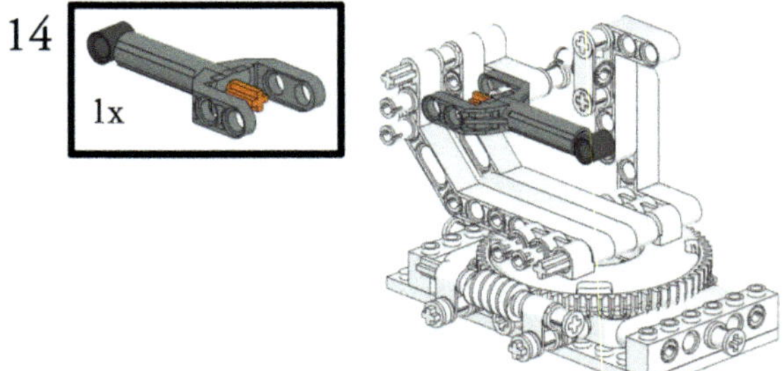
14
1x

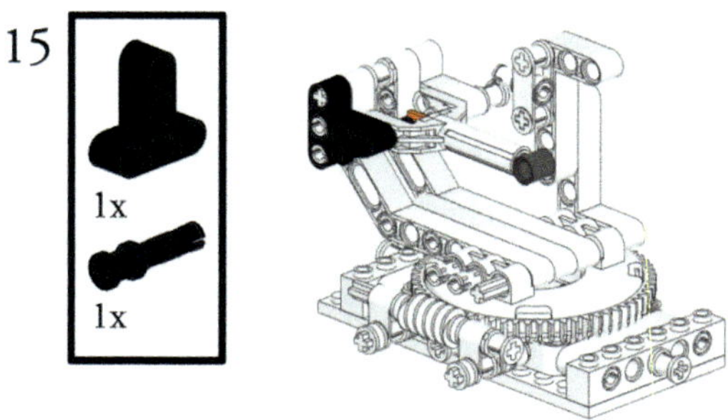
15
1x
1x

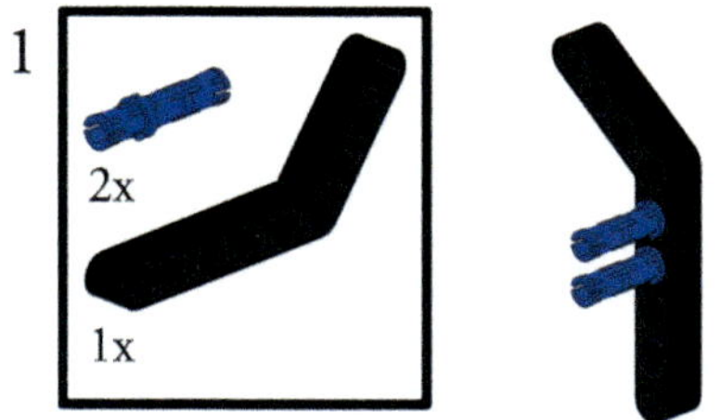
1
2x
1x

2

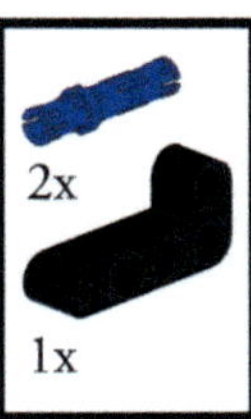

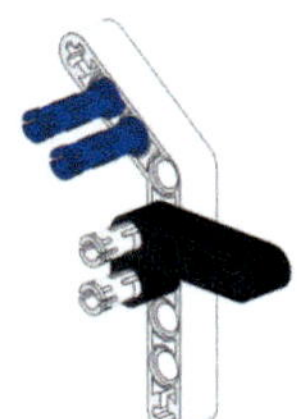

3
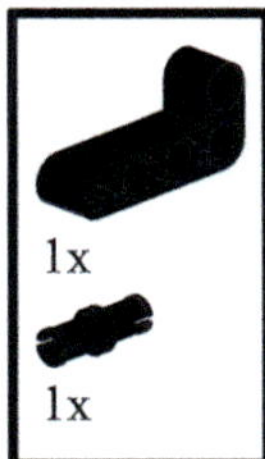

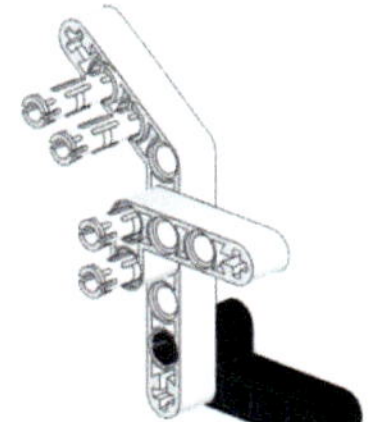

4
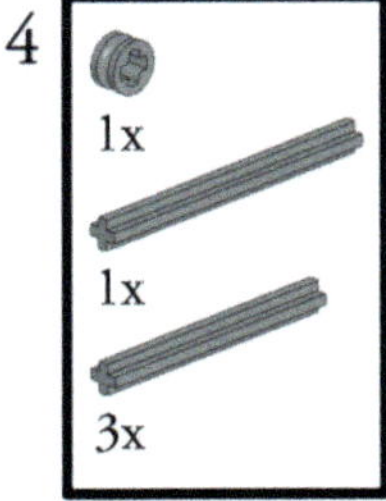

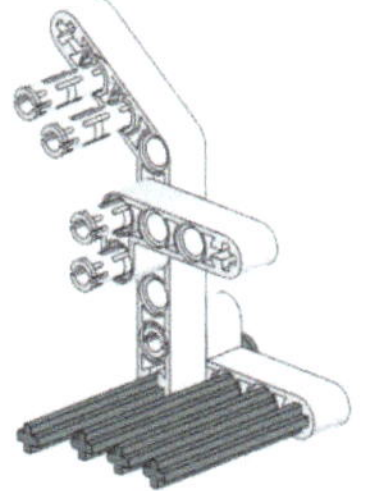

5

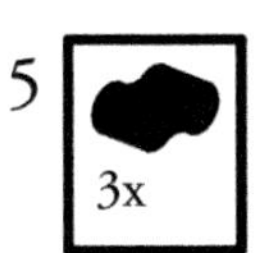

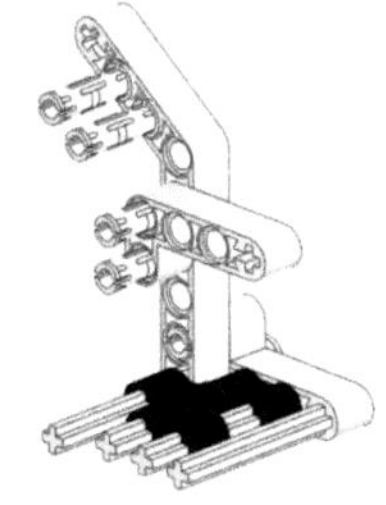

6

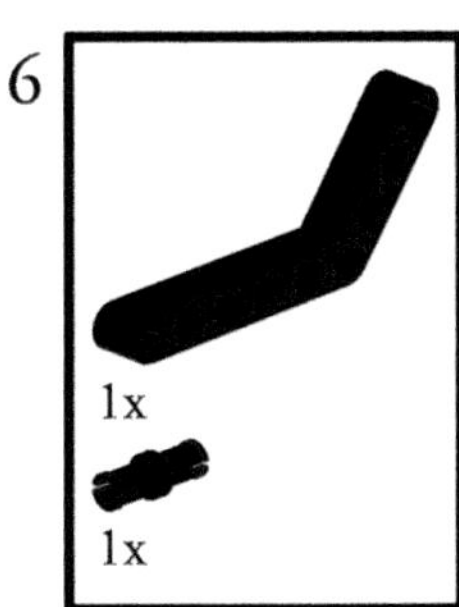

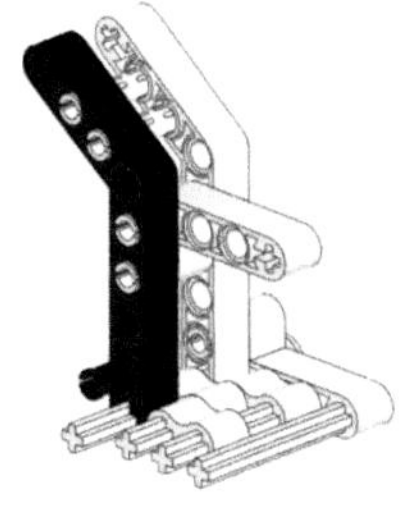

7

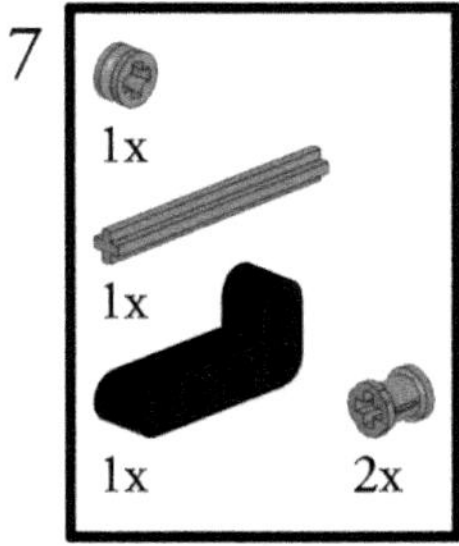

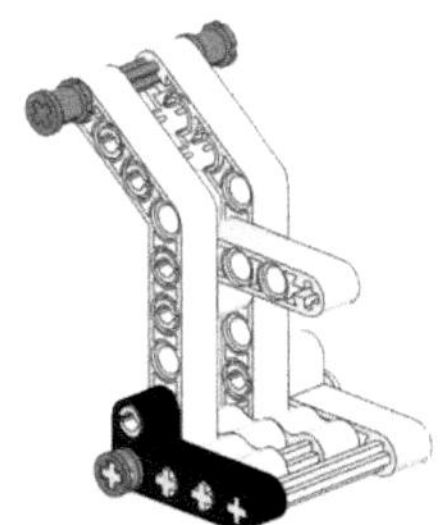

16

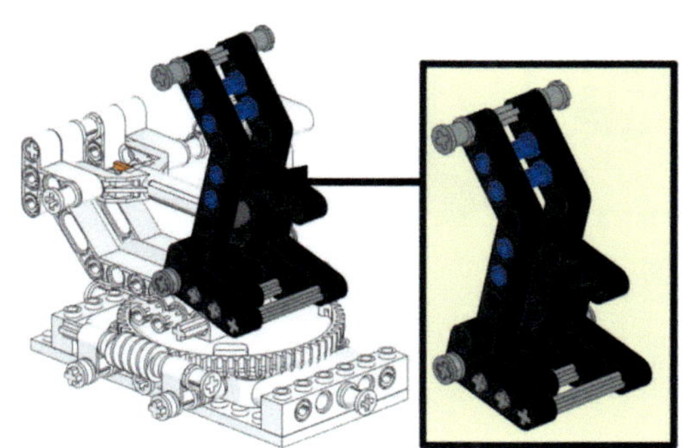

In dieser Halterung wird später der sphärische Konkavspiegel befestigt.

17

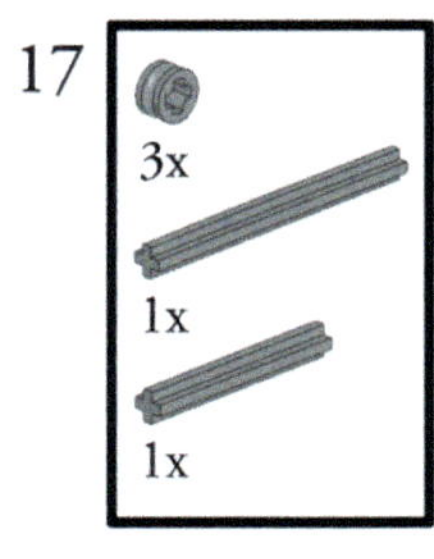

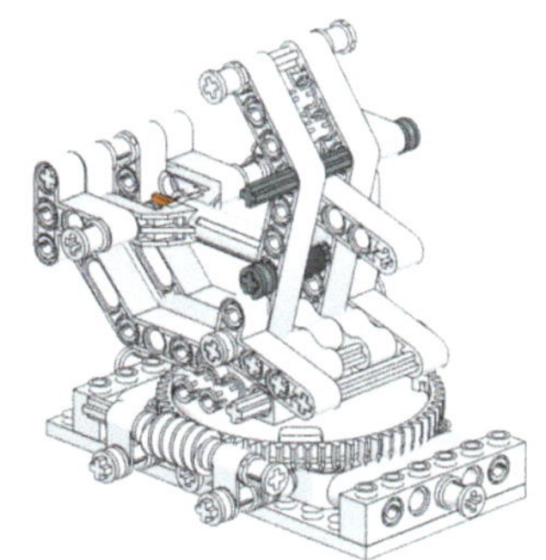

1

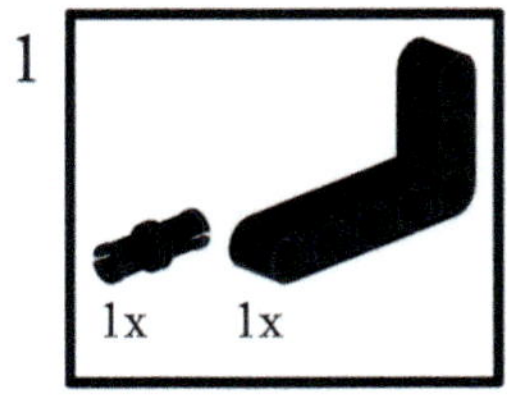

2

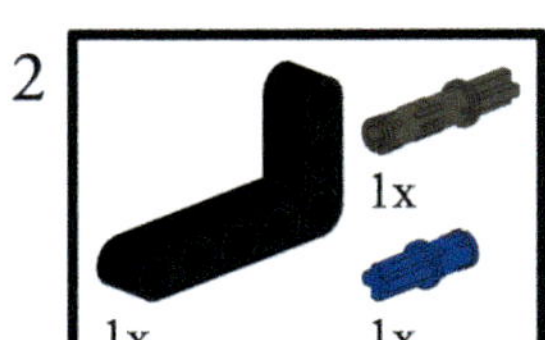

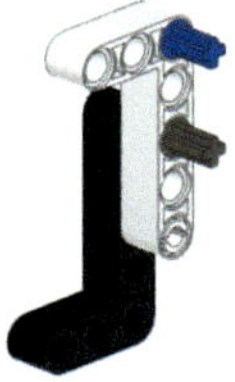

3

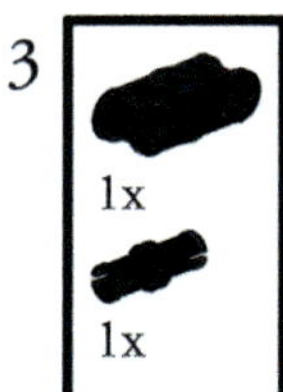

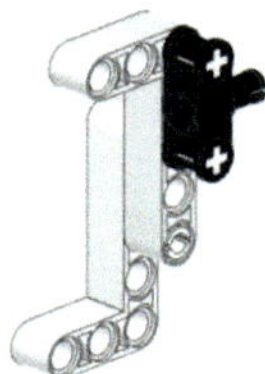

18

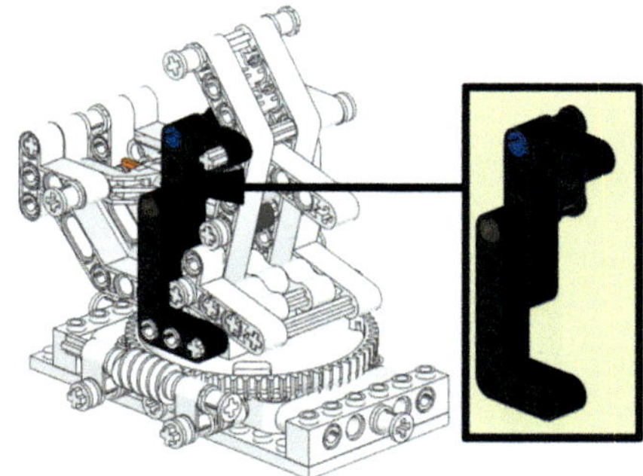

19

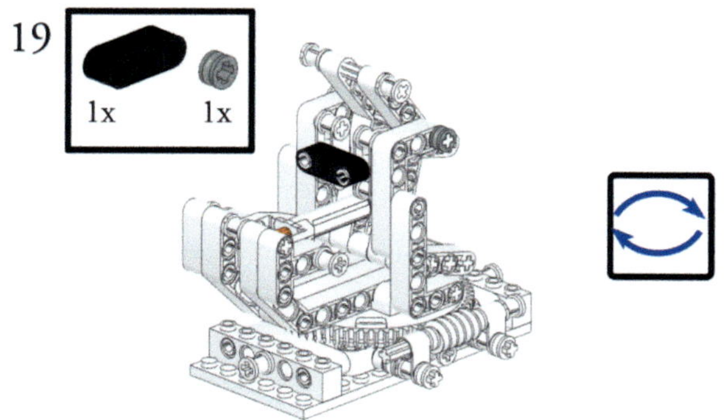

20

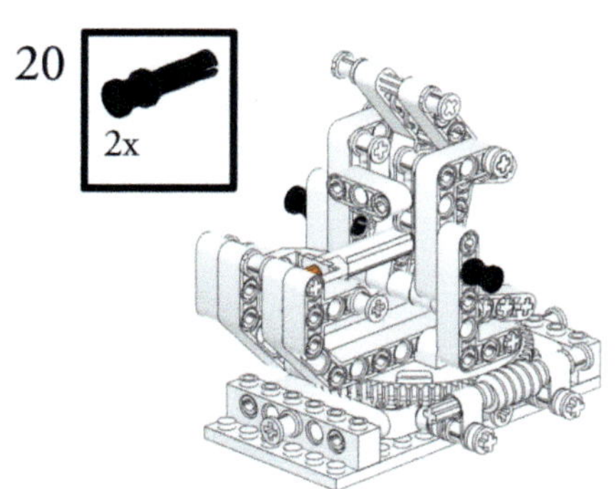

Mit der Stellschraube lässt sich der Halter um einen maximalen Neigungswinkel von 52° verkippen. Eine Umdrehung entspricht dabei 4,8°, sodass eine Winkelgenauigkeit von unter 0,5° erreicht werden kann.

21

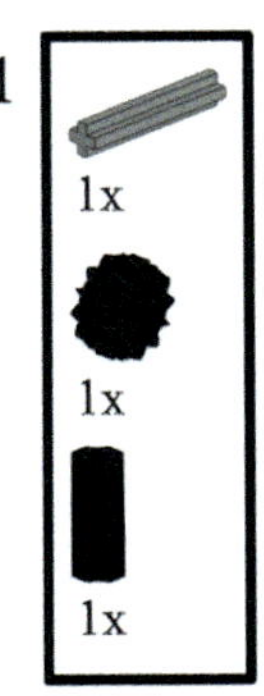

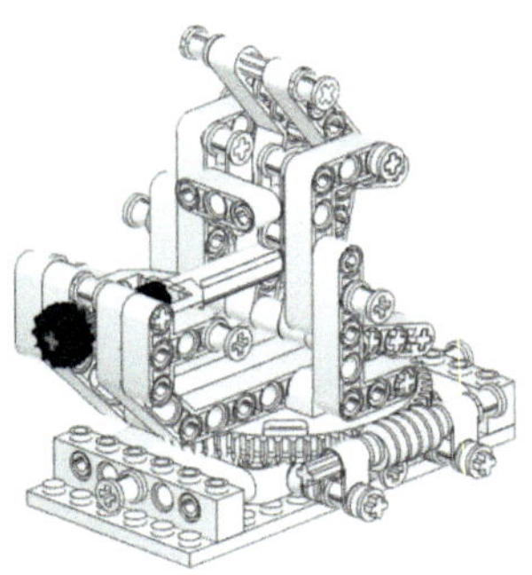

22

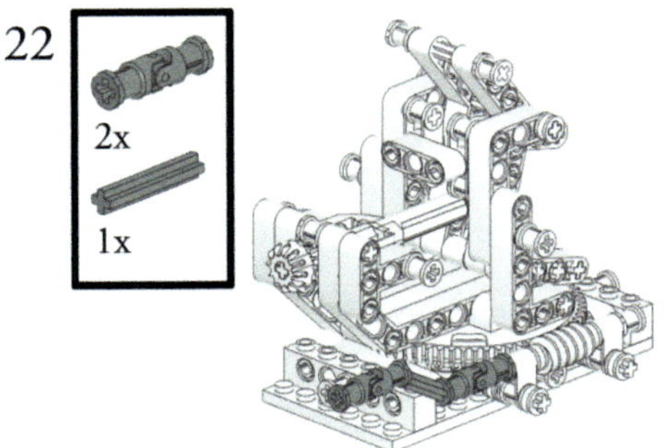

Für den weiteren Aufbau benötigen wir eine Hilfsgrundplatte. Mit dieser können die einzelnen Komponenten des Spiegelhalter außerhalb des Spektrometers aufgebaut werden. Das hilft bei der späteren Integration des Halters in den Gesamtaufbau. Beachte, dass diese Hilfsplatte dann wieder entfernt werden muss.

1

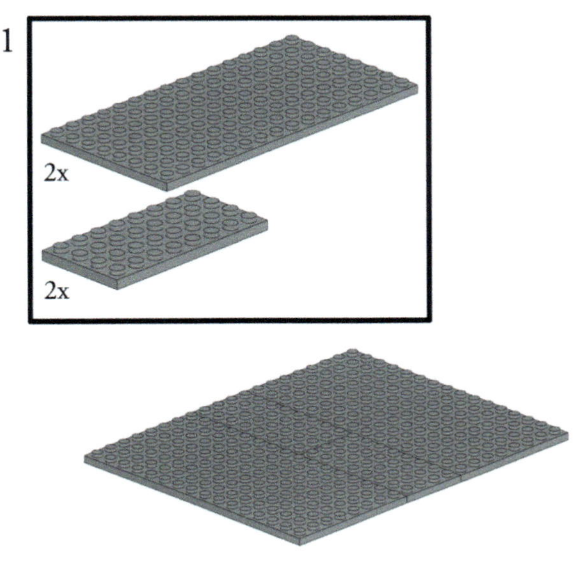

2

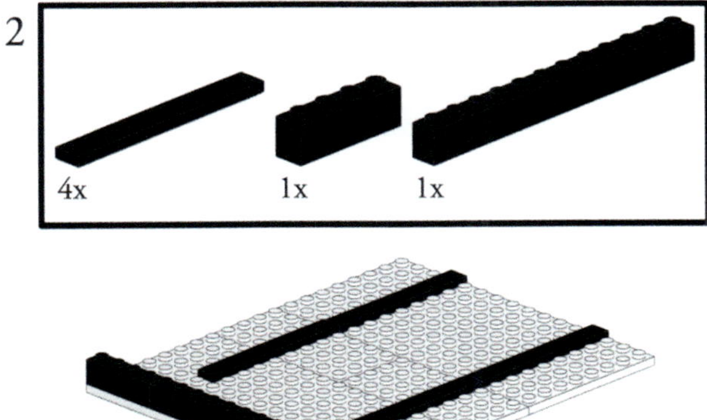

3

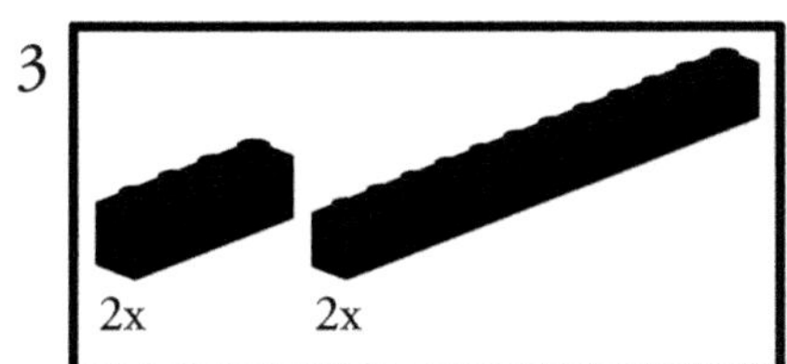

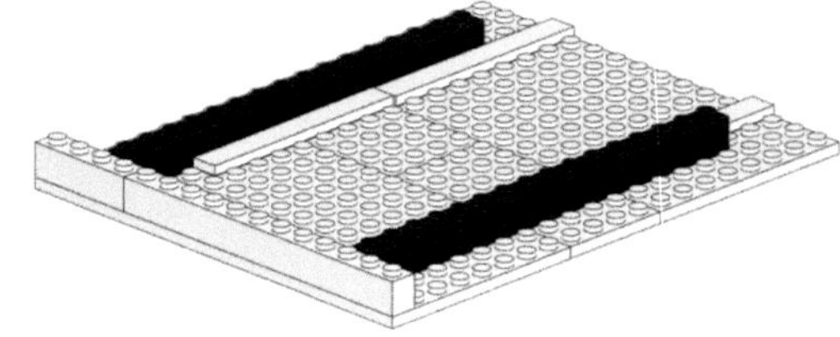

4

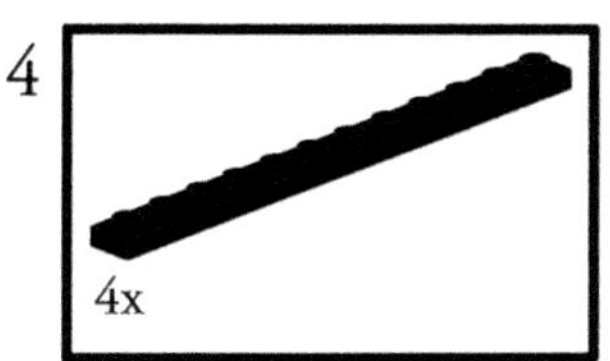

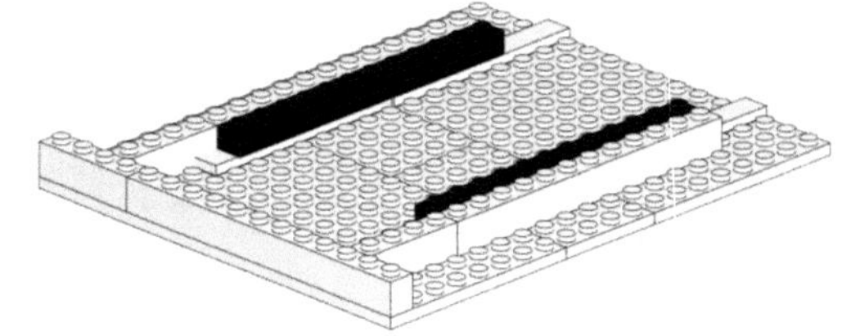

5

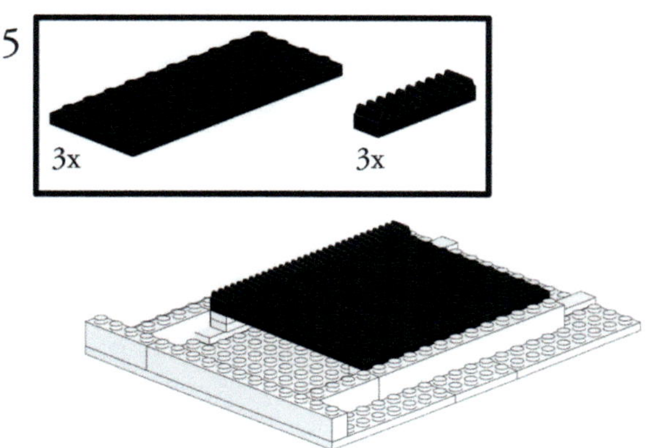

23

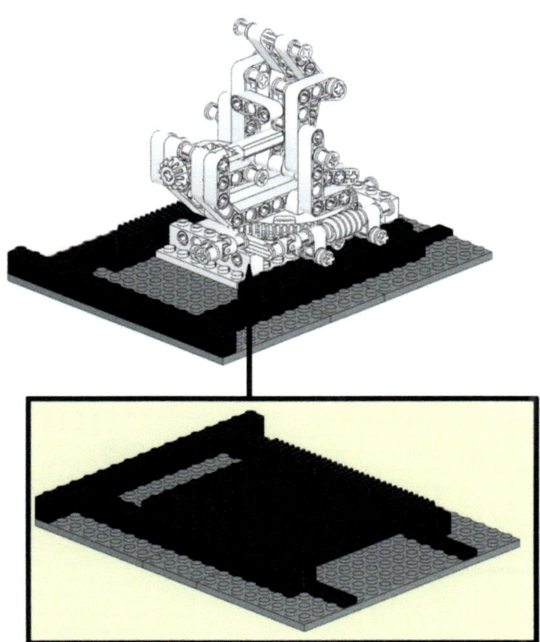

1

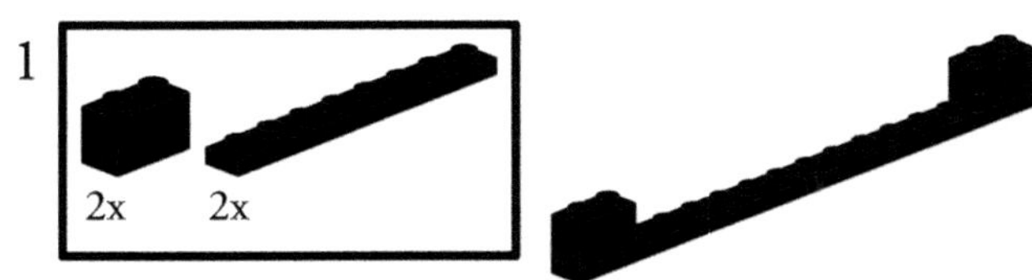

2

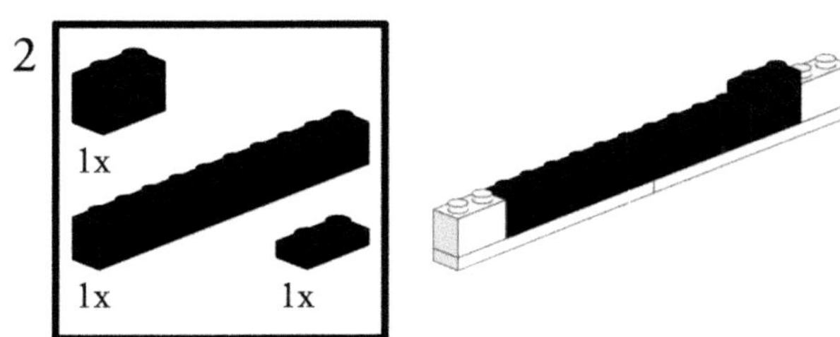

3

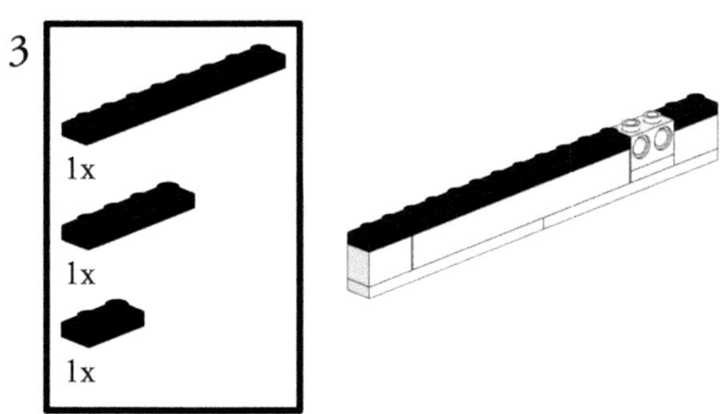

4

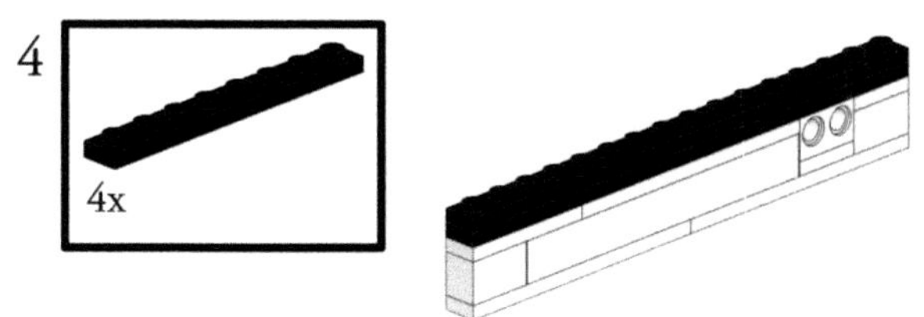

5

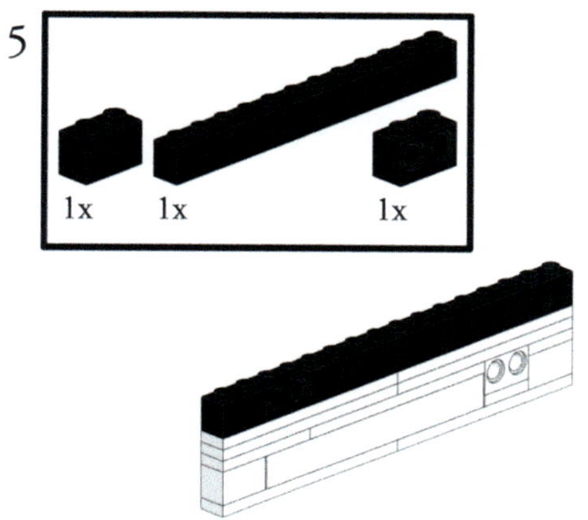

6

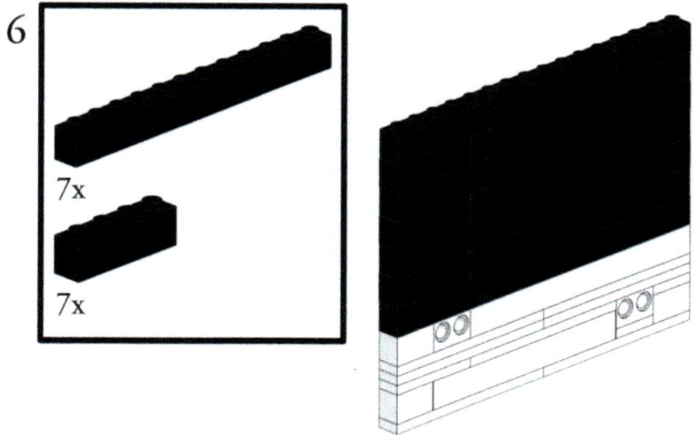

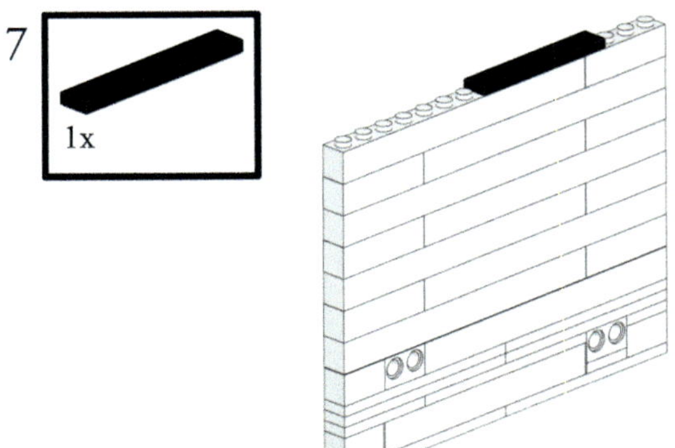
7
1x

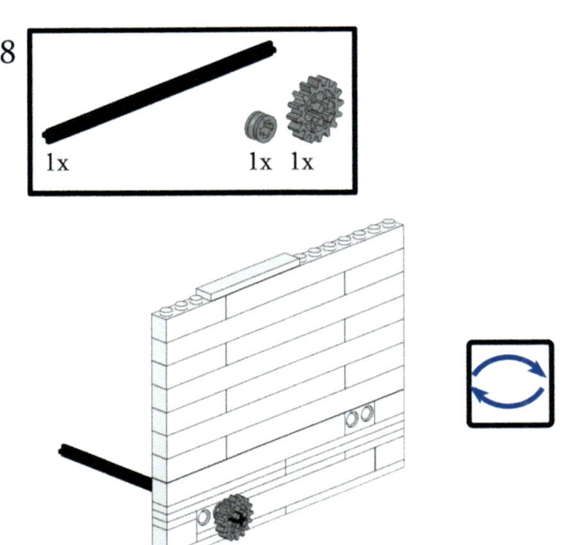
8
1x
1x 1x

9

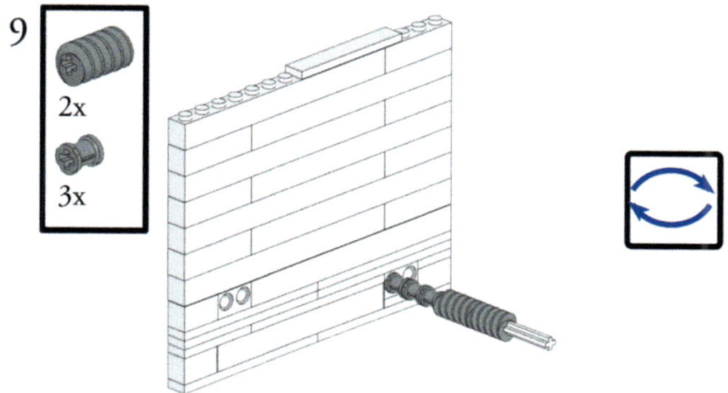

10

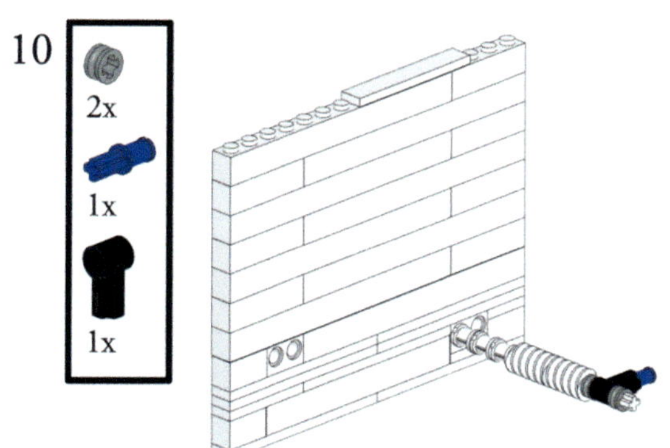

11

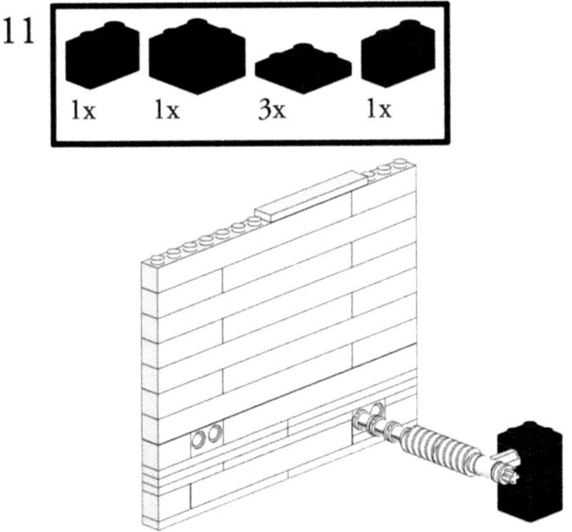

12

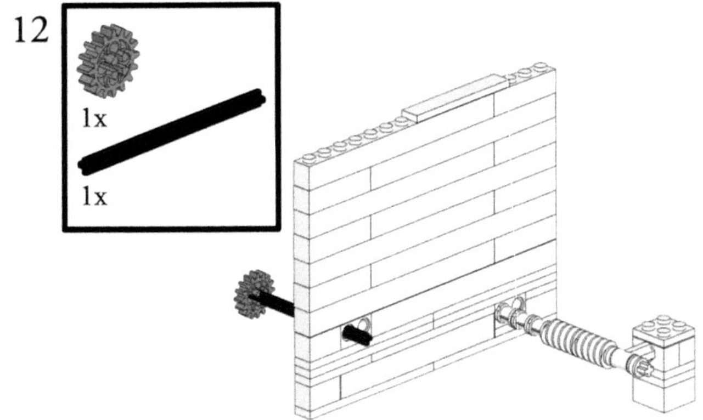

13

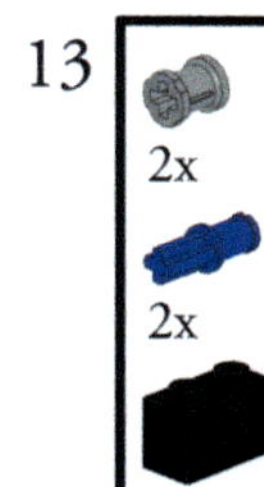

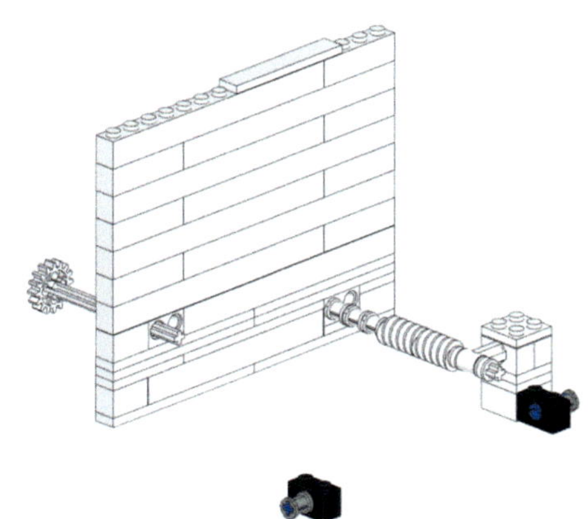

14

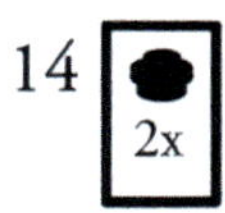

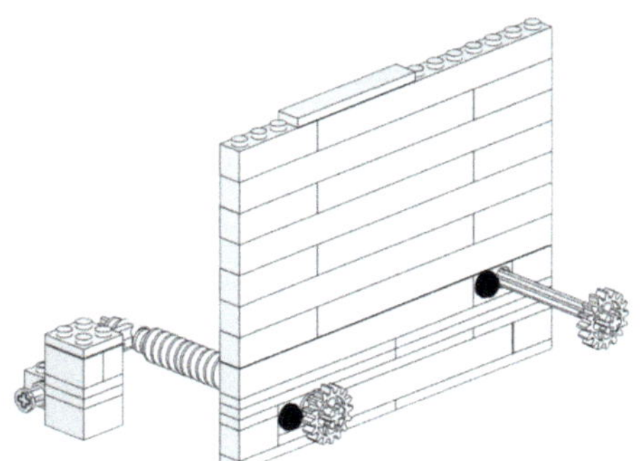

Ab diesem Bauschritt ist die lineare Verschiebeeinheit fertig. Mit der Stellschraube kann der Spiegelhalter um bis zu 20 mm verfahren werden. Eine Zahnradumdrehung entspricht in etwa 3 mm. Die Position kann mit einer Genauigkeit von unter 0,5 mm eingestellt werden.

24

Im letzten Schritt muss auch bei diesem Halter der Konkavspiegel eingesetzt werden. Gehe dabei genau so vor, wie beim ersten Spiegeleinbau. Der Spiegel ist jetzt etwas kleiner, sodass du beim Einpressen vor allem aufpassen solltest, dass du die Oberfläche nicht berührst. Zur Verringerung des mechanischen Schlupfs (oder »Spiels«) hilft es bei diesem Halter insgesamt sechs Gummibänder an den überstehenden Pins anzubringen, wie es die Abbildung zeigt.

Abbildung 14:
Foto des fertig aufgebauten Kollimationsspiegels aus LEGO®-Bausteinen mit eingebautem Spiegel und Gummibändern.

Laser-Hack 7: Gitterhalter bauen

Abbildung 15:
Foto des Gitterhalters aus LEGO®-Bausteinen mit einem Seitenwandelement.

In diesem Hack wird eine Halterung für das Gitter aufgebaut, die das Gitter mechanisch stabil fassen und von außen gedreht werden kann. Wie bei den Spiegelhaltern habe ich den Gitterhalter in Verbindung mit einem Seitenwandelement konstruiert, sodass das Gehäuse des Spektrometers im Betrieb lichtdicht geschlossen bleiben kann.

Die folgende Bauteilliste zeigt dir die LEGO®-Steine, die du für den Aufbau des Gitterhalters benötigst:

Anzahl	Bausteinname	Art.-Nr.	Farbe
11	Technic Pin with Friction Ridges Lenghtwise with Center Slots	2780	Black
4	1 x 1 Brick	3005	Black
9	1 x 8 Brick	3008	Black

Anzahl	Bausteinname	Art.-Nr.	Farbe
1	1 x 4 Brick	3010	Black
1	Technic Axleand Pin Connector Angled	32013	Black
2	Technic Axle Connector with Axle Hole	32039	Black
2	Technic Axle 2 Notched	32062	Black
2	Technic brick 1 x 2 with Axle Hole	32064	Black
4	Technic Bush ½ Smooth	32123	Black
1	Technic Axle and Pin Connector Perpendicular 3L with Center Pin Hole	32184	Black
9	Technic Liftarm 1 x 5 Thick	32316	Black
1	Technic Liftarm 1 x 7 Thick	32524	Black
1	Plate 1 x 8	3460	Black
1	Technic Brick 1 x 2 with Hole	3700	Black
2	Technic Brick 1 x 4 with Holes	3701	Black
2	Technic Axle 4	3705	Black
3	Technic Axle 4	3705	Light Bluish Grey
1	Technic Axle 12	3708	Black
4	Technic Liftarm 1 x 2 Thin	41677	Black
6	Axle Pin with Friction Ridges Lenghtwise	43093	Blue
4	Technic Liftarm 1 x 2 Thick	43857	Black
1	Technic Axle 7	44294	Light Bluish Grey
2	Technic Axle Connector Double Flexible (Rubber)	45590	Black
1	Technic Axle Connector 2L	59443	Black
6	Technic Pin 3L with Friction Ridges Lenghtwise	6558	Blue
5	Technic Bush	6590	Light Bluish Grey
1	Technic Linear Actuator Mini with Dark Bluish Grey Head and Orange Axle	92693c01	Light Bluish Grey

Die Anleitung auf den folgenden Seiten zeigt dir den Aufbau des Gitterhalters Schritt für Schritt.

1

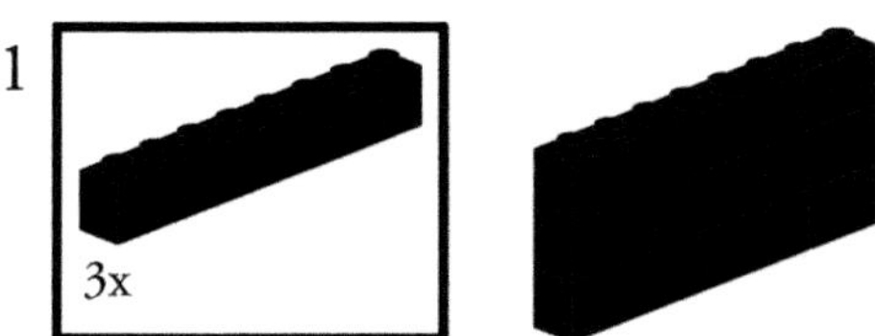

2

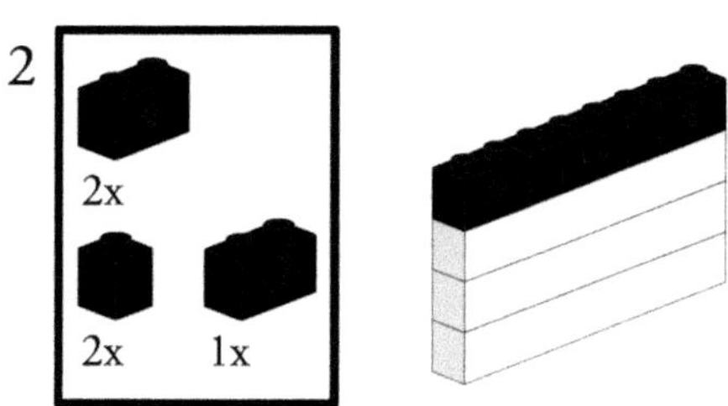

3

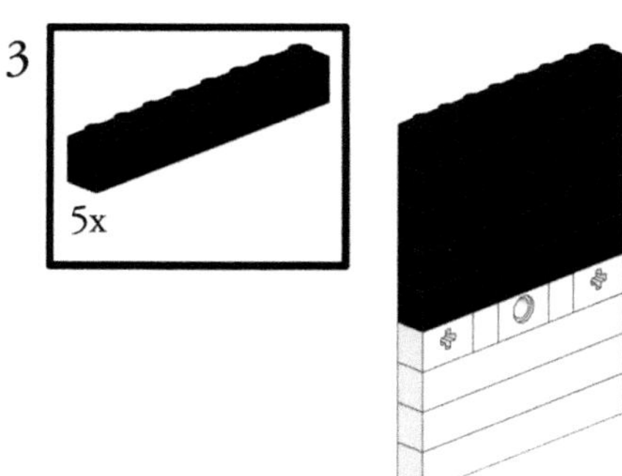

4

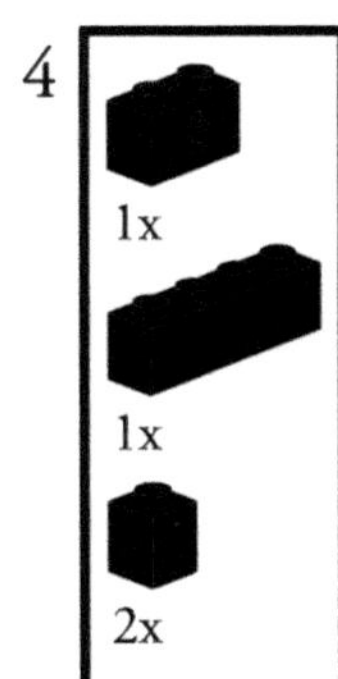

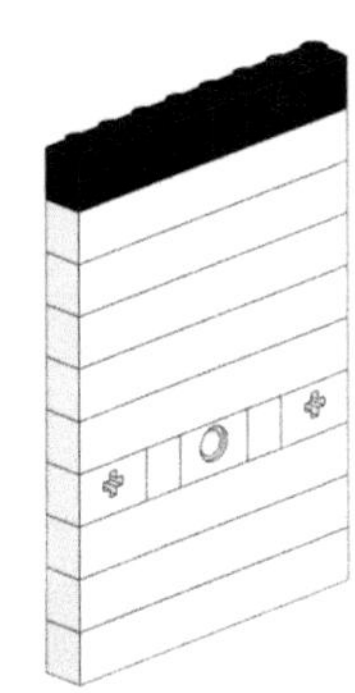

5

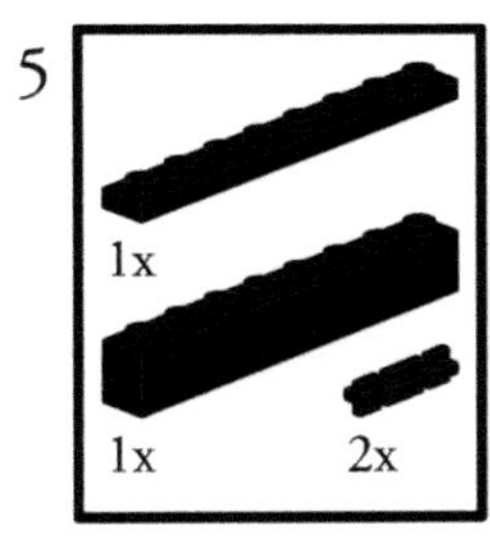

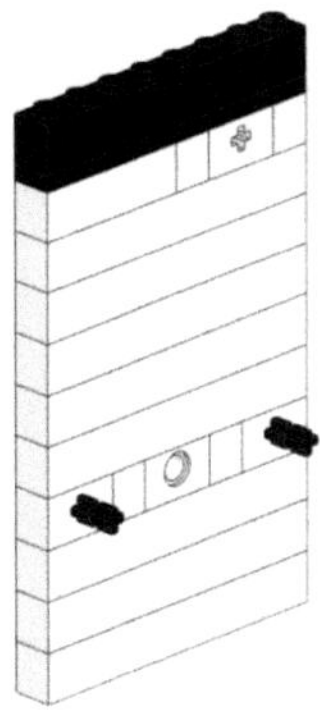

6

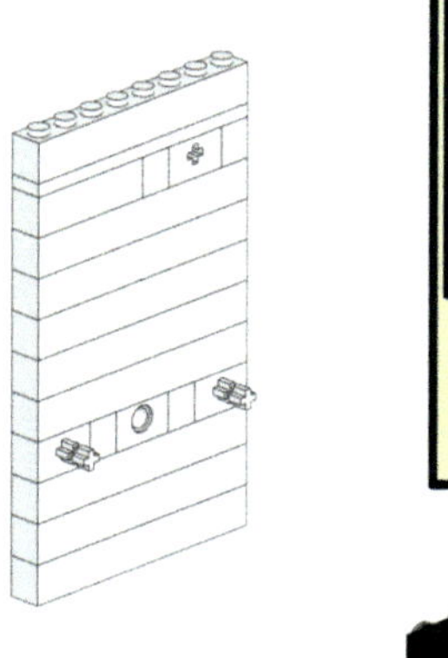

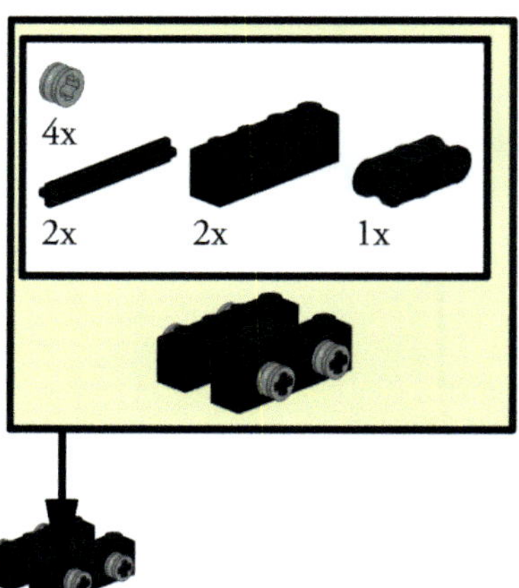

7

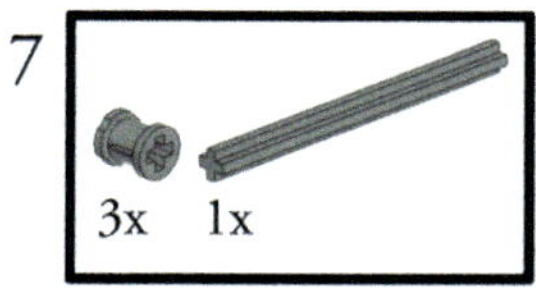

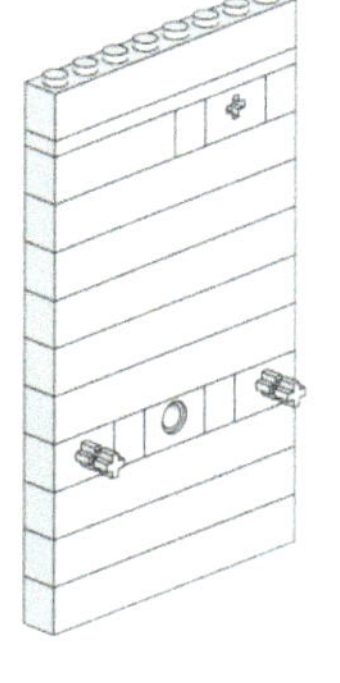

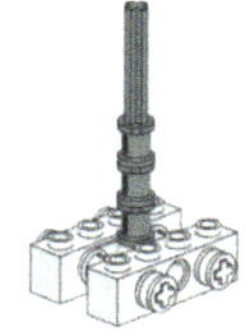

1

2

3
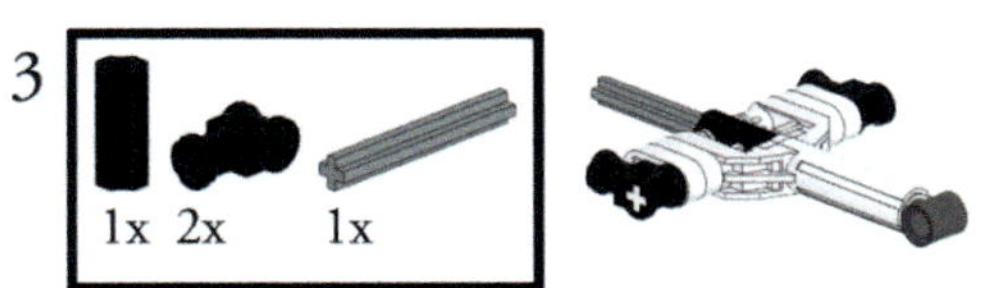

8
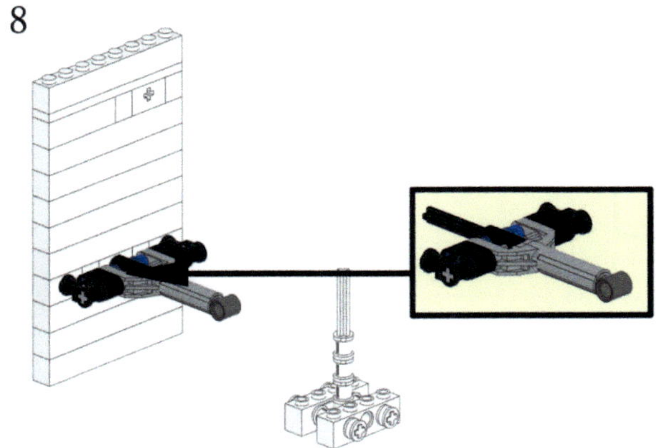

Ab diesem Bauschritt verfügt der Gitterhalter über seine Kippfunktion. Diese hat einen maximalen Neigungswinkel von ca. 38°. Eine Zahnraddrehung entspricht dabei 2,7°. Du kannst eine Winkelgenauigkeit von unter 0,5° erreichen.

Aufbau-Laser-Hack: **Gitterhalter bauen**

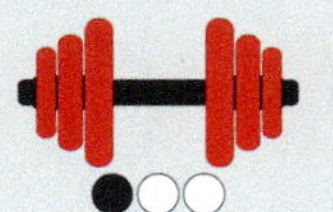

1

2

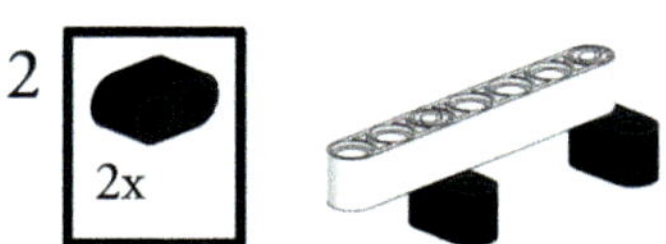

3

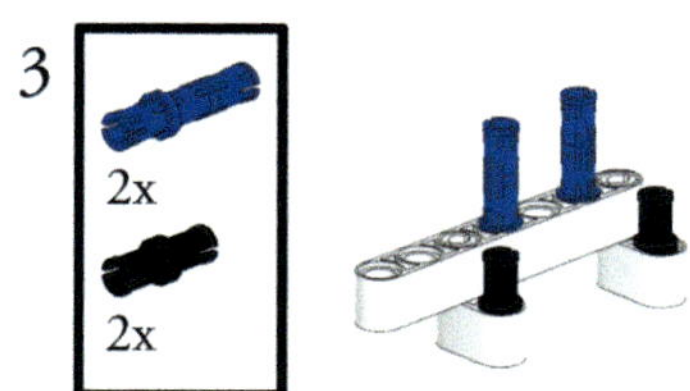

4

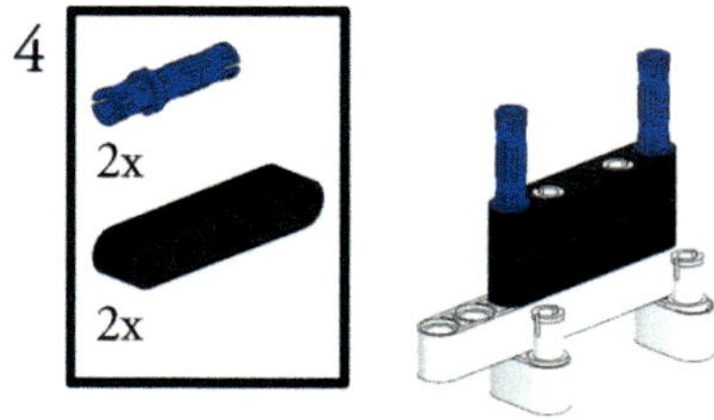

5

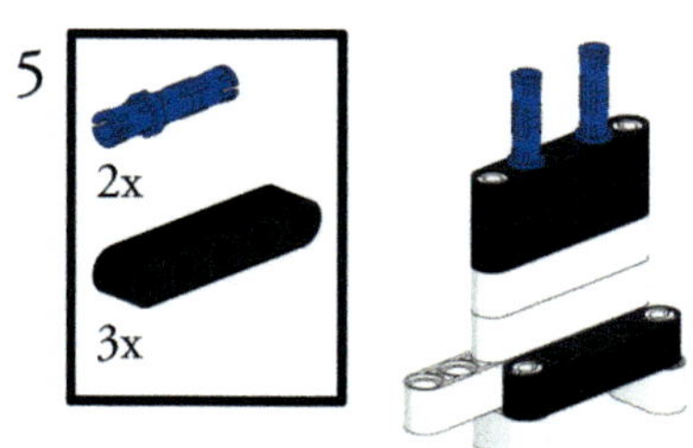

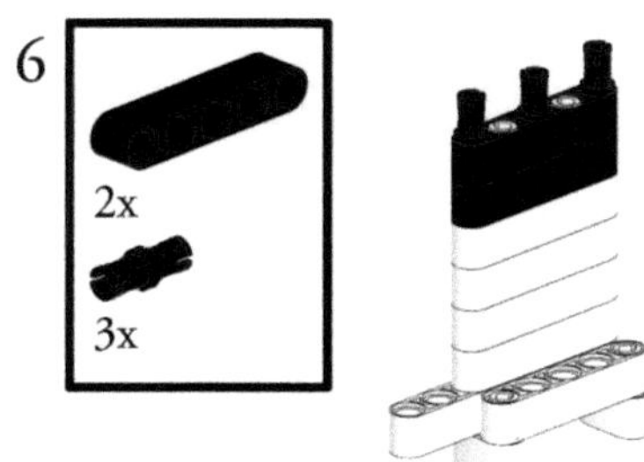
6
2x
3x

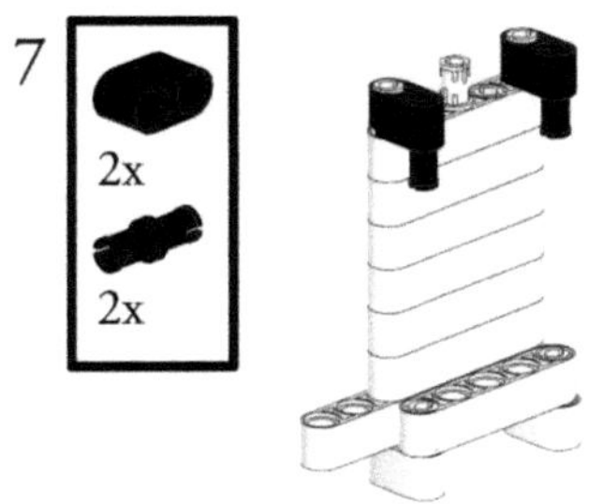
7
2x
2x

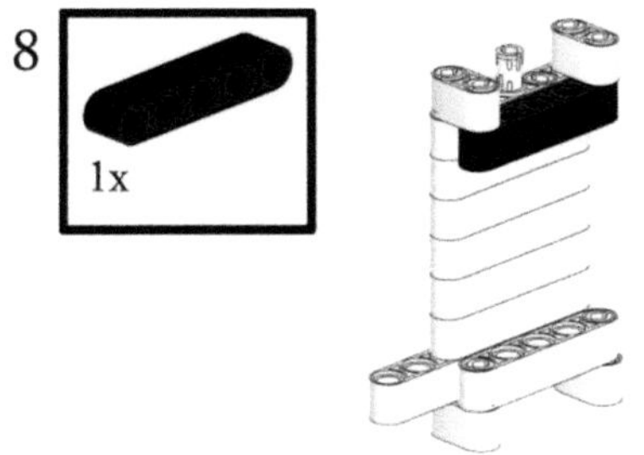
8
1x

9

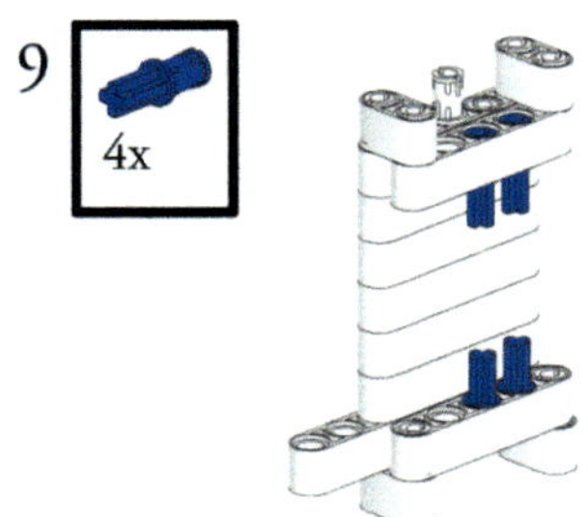

10

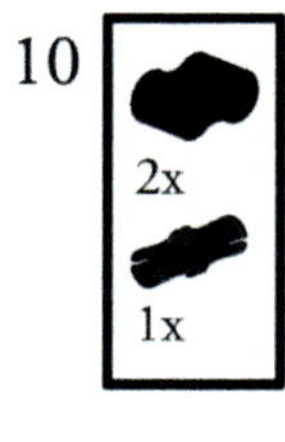

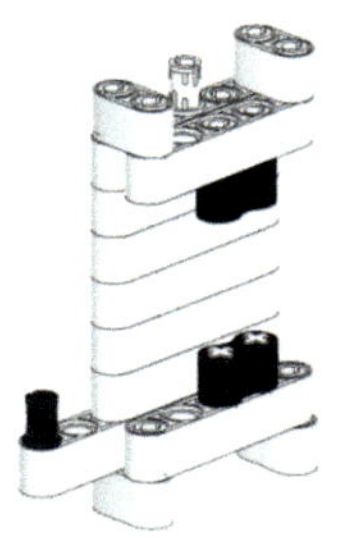

11

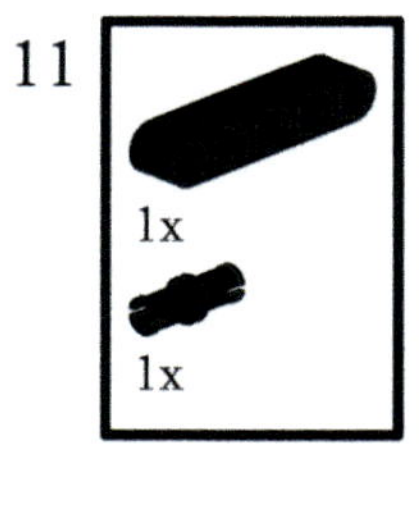

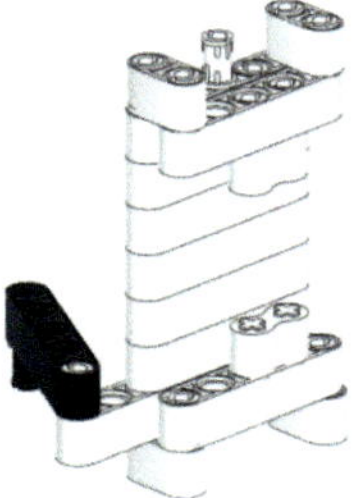

9

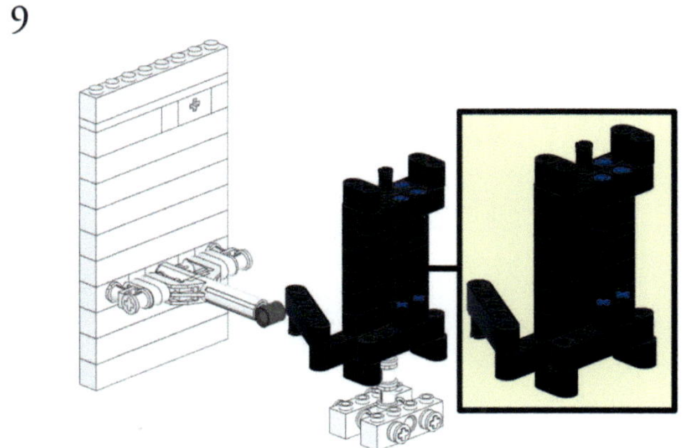

10

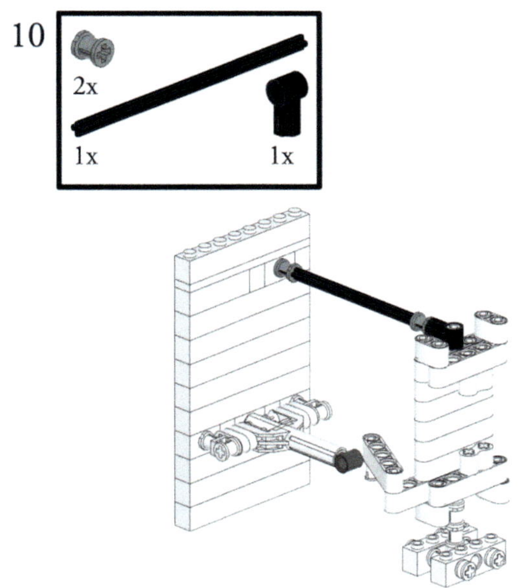

Laser-Hack 8: CD-Reflexionsgitter präparieren

Abbildung 16:
Foto einer handelsüblichen Compact Disc (CD), aus der ein Viertelstück herausgetrennt wurde und als Reflexionsgitter im Spektrometer genutzt wird.

Allgemein unterscheidet man zwischen Transmissionsgittern, also Gittern, durch die Licht hindurchgestrahlt wird und Reflexionsgittern, an welchen Licht reflektiert wird. Innerhalb dieser Oberkategorien gibt es weitere Gitterspezifikationen, wie z.B. das Blazegitter. Mehr dazu findest du in Laser-Hack 22.

Zu den wichtigsten Bestandteilen eines jeden Spektrometers gehört ein Beugungsgitter, das dafür sorgt, dass das Licht in seine spektralen Anteile zerlegt wird. Im Czerny-Turner-Spektrometer werden ausschließlich reflektierende Optiken verwendet, um optische Abbildungsfehler und Lichtverluste zu reduzieren. Dementsprechend wird als Gitter ein Reflexionsgitter eingebaut, also ein Gitter, das die Lichtstrahlen reflektiert. Bei Reflexionsgittern handelt sich meist um Glasplatten, deren Oberfläche reliefartig eingeritzt und verspiegelt wurden. Kommerzielle Reflexionsgitter gibt es in verschiedenen Formen, Größen, mit unterschiedlichen Abständen der Rillen und unterschiedlichen Oberflächenbeschichtungen. Sie sind mit mehreren hundert Euro meist recht teuer. Aus Kostengründen habe ich mich daher für das wohlbekannteste und am weitesten verbreitete Reflexionsgitter entschieden: eine herkömmliche Compact Disc (CD).

Vermutlich hast du noch eine alte CD zu Hause, die du nicht mehr brauchst. Es ist dabei egal, ob es sich um eine alte Musik- oder Computer-CD oder einen CD-Rohling, d.h. eine nichtbeschriebene CD, handelt. CDs sind aber auch auf jedem Flohmarkt für wenige Cents erhältlich.

Für dein Spektrometer musst du ein rechteckiges Stück aus dem reflektierenden Bereich der CD mit den Maßen von ca. 4 cm x 3,5 cm herausschneiden. Beachte dabei, dass für die Funktion der CD als Reflexionsgitter auf die Richtung der Gitterperiode geachtet werden muss! Diese verläuft parallel zum Radius der CD-Scheibe. Gehe dazu wie folgt vor: Kennzeichne zuerst mit einem Filzstift das Gitterstück, wie es in der Skizze gezeigt ist.

Professionelle Alternativen zu dem CD-Gitter sowie angepasste Gitterhalter findest du ebenfalls in Laser-Hack 22.

Die Compact Disc (CD) wurde Anfang der 80er Jahre der Öffentlichkeit vorgestellt und ist eine technologische Fortentwicklung der Schallplatte. Das Abspielen erfolgt wie bei einer Schallplatte durch Vertiefungen in einer spiralförmigen Rille und Rotation der CD in einem Laufwerk. Allerdings handelt es sich um eine digitale Information, die mit einem Laserstrahl von innen nach außen abgetastet wird. Im Vergleich zur Schallplatte können mit der CD deutlich längere Musikstücke (ca. 74 Min. bzw. 780 Mbyte Audio) gespeichert werden, das (lästige) Umdrehen der Platte entfällt, das Audiosignal ist nahezu fehlerfrei, Kratzer sind meist unbedeutend und es kann schnell im Musikstück hin- und hergesprungen werden.

Die Rillen auf der CD sind 500 nm breit und weisen einen Spurabstand von 1,6 µm auf. Das entspricht einer Gitterperiode von 625 Linien pro Millimeter entlang des Radius der CD. Mit einem Mikroskop kann man die Rillen und Vertiefungen deutlich sehen.

Laser-Hack:

CD-Reflexionsgitter präparieren

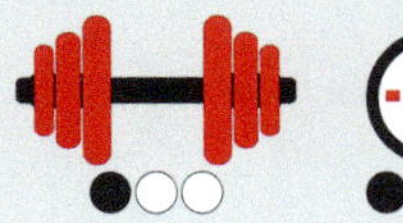

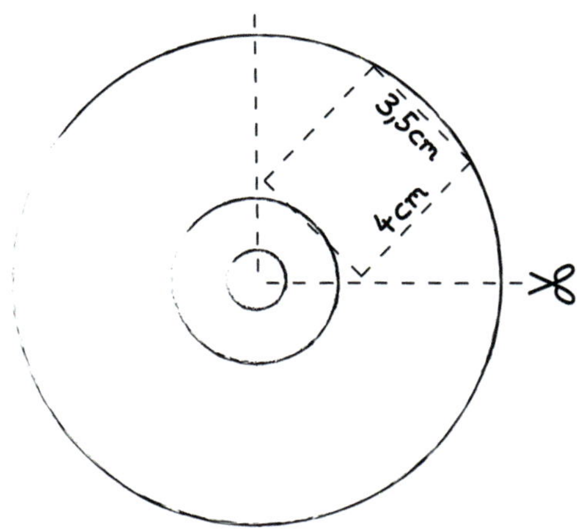

Abbildung 17: *Schnittmuster für das Reflexionsgitter. Das rechteckig markierte Stück muss mit einer Haushaltsschere herausgeschnitten werden.*

Die silbrige Schicht kann beim Schneiden am Rand brechen. Das ist nicht schlimm! Vielleicht löst sich auch die Oberseite der CD von der Unterseite. Am besten ist es, wenn du das CD Stück am Rand mit herkömmlichem Klebebande abklebst.

Jetzt schneidest du das Gitterstück einfach mit einer Haushaltsschere (nicht Papierschere!) aus. Die Gitterperiode liegt nun in etwa parallel zur langen (4 cm) Seite des Gitters und muss parallel zur Bodenplatte des Spektrometers ausgerichtet werden.

Nun kannst du das CD-Reflexionsgitter in den Gitterhalter aus Laser-Hack 7 einbauen. Dazu schiebst du das Gitter von der Seite in die Halterung zwischen die Gummisteine ein. Achte darauf, dass die richtige Seite nach vorne zeigt: Es muss die nicht-bedruckte Seite der CD sein! Achte darauf, nicht auf die reflektierende Oberfläche der CD zu fassen!

Abbildung 18: *Foto des fertig aufgebauten Gitterhalters aus LEGO®-Bausteinen mit eingesetztem CD-Reflexionsgitter.*

Laser-Hack 9: Seitenwände bauen

Abbildung 19:
Foto der sechs Seitenwände aus LEGO®-Bausteinen, mit denen ein geschlossenes, lichtdichtes Gehäuse für das Spektrometers aufgebaut wird.

Alle optomechanischen Komponenten des Spektrometers sollten bereits aufgebaut und in ein paar Fällen sogar schon von dir erprobt worden sein. Bevor du mit dem Aufbau des Spektrometers beginnen kannst, müssen noch die Seitenwände aufgebaut werden. Diese dienen der Verringerung von Störlicht sowie der Stabilität und dem Schutz des gesamten Aufbaus.

In der nachfolgenden Liste sind die Bauteile für alle sechs Wände des Spektrometers aufgeführt, die nacheinander aufgebaut werden.

Anzahl	Bausteinname	Art.-Nr.	Farbe
4	Plate 1 x 10	4477	Black
11	Brick 1 x 10	6111	Black
2	Tile 1 x 4	2431	Black
31	Brick 1 x 8	3008	Black
3	Plate 1 x 8	3460	Black
4	Brick 1 x 3	3622	Black
4	Plate 1 x 6	3666	Black
11	Tile 1 x 8	4162	Black
7	Plate 1 x 12	60479	Black

Anzahl	Bausteinname	Art.-Nr.	Farbe
117	Brick 1 x 12	6112	Black
22	Brick 1 x 2	3004	Black
11	Brick 1 x 1	3005	Black
10	Brick 1 x 6	3009	Black
6	Brick 1 x 4	3010	Black
1	Plate 1 x 1	3024	Black
1	Plate 1 x 2	3023	Black

Aufbauanleitung für die Seitenwand Nummer 1

1

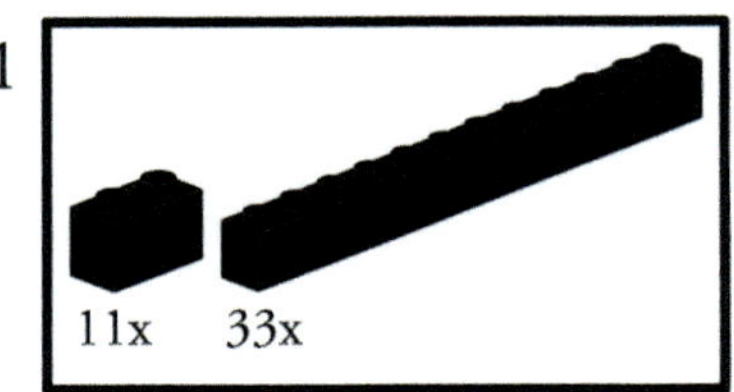

2
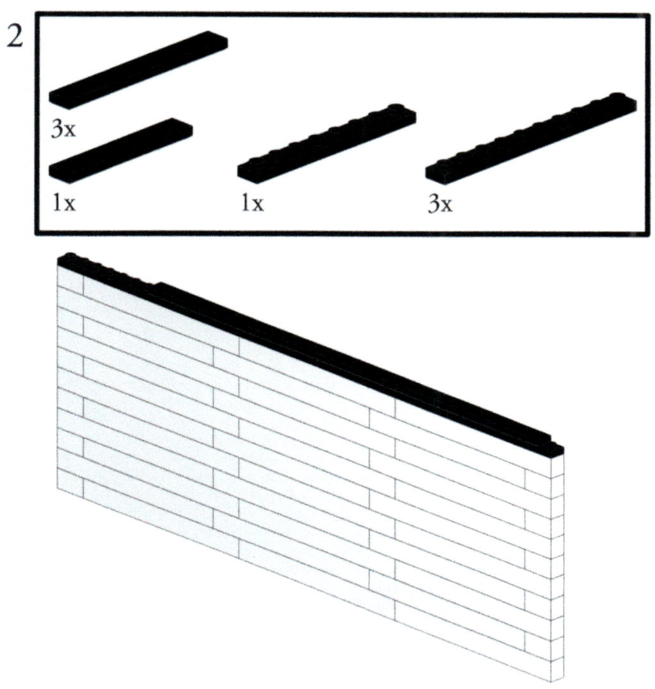

Aufbauanleitung für die Seitenwand Nummer 2

1
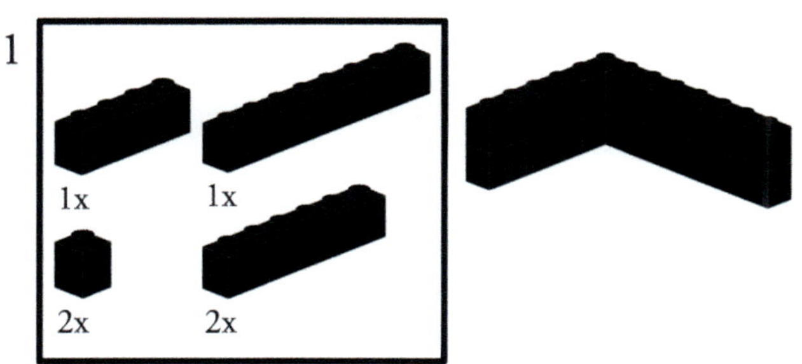

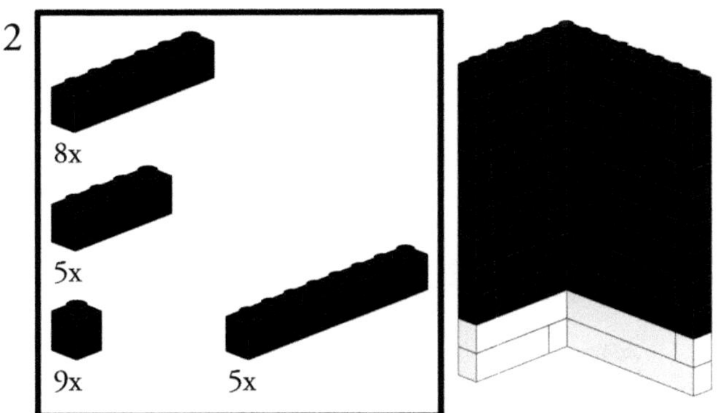
2
8x
5x
9x
5x

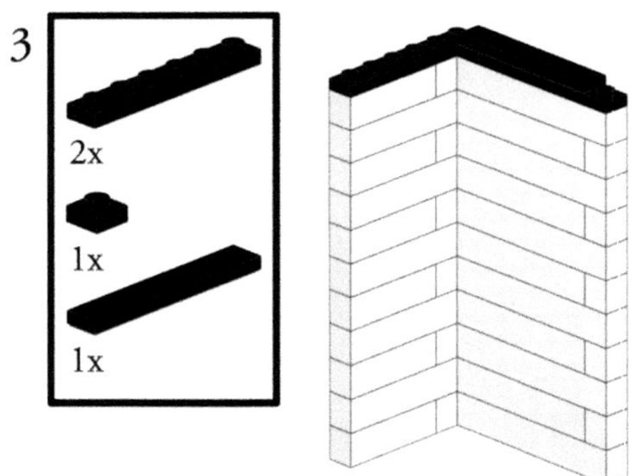
3
2x
1x
1x

Aufbauanleitung für die Seitenwand Nummer 3

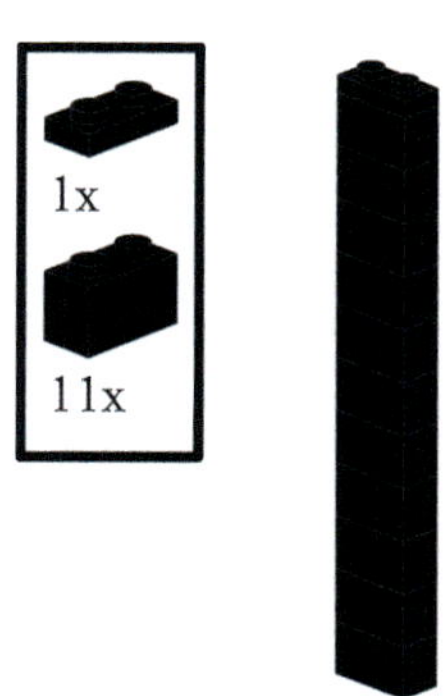

Aufbauanleitung für die Seitenwand Nummer 4

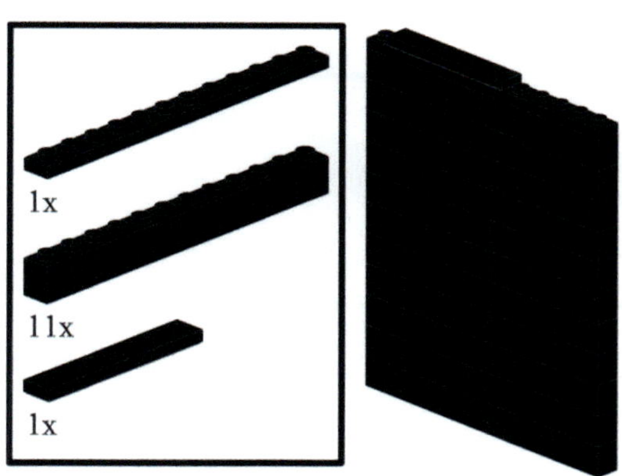

Aufbauanleitung für die Seitenwand Nummer 5

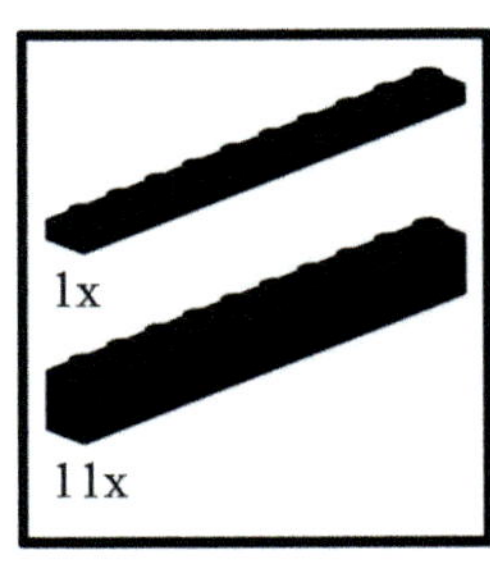

Aufbauanleitung für die Seitenwand Nummer 6

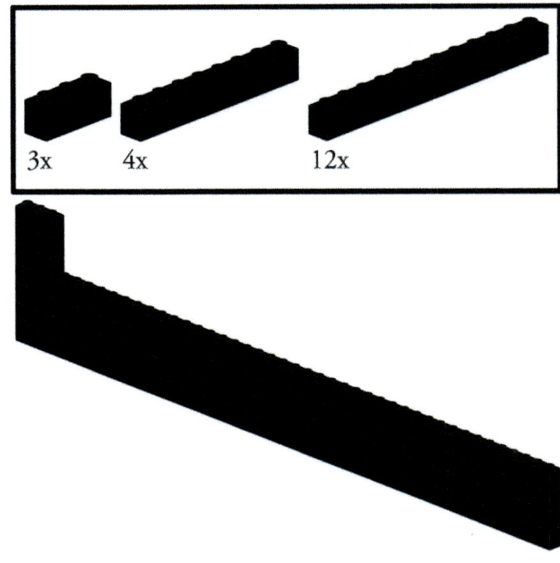

2

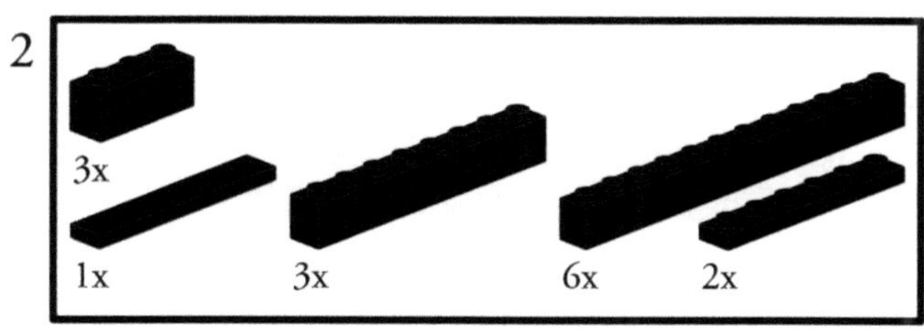

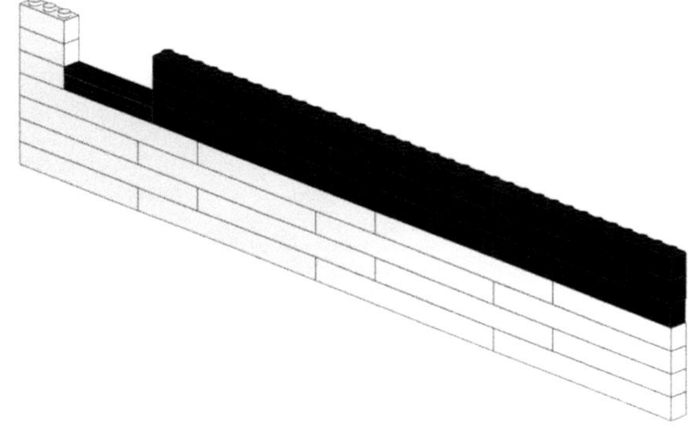

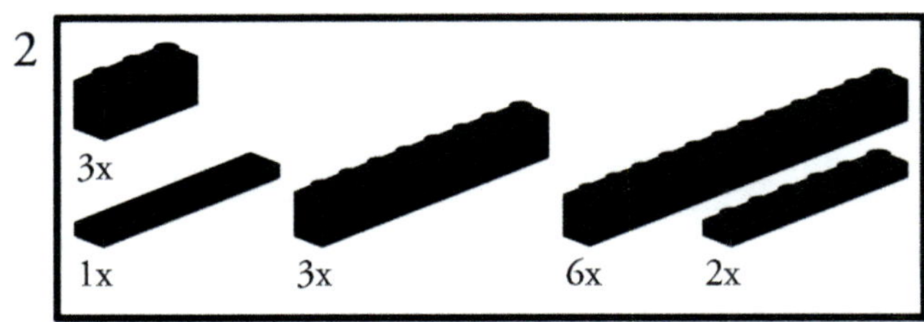

Durch die Öffnung in dieser Seitenplatte wird später das Verbindungskabel der USB-Zeilenkamera (Laser Hack 12-15) hindurchgeführt.

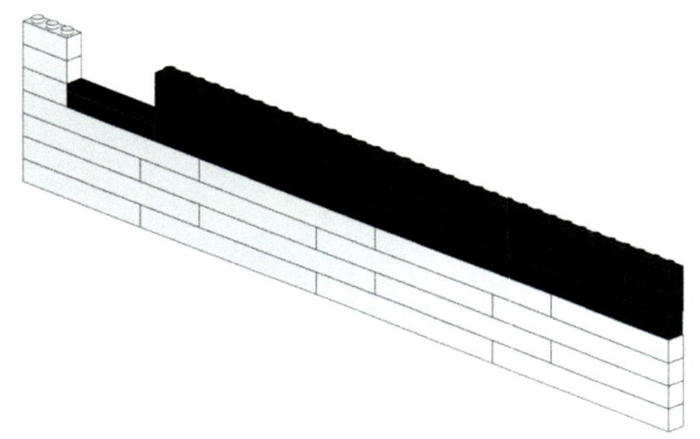

Nun bist du mit dem Aufbau der Komponenten des Spektrometers fertig und kannst mit dem Aufbau des Spektrometers beginnen. Der folgende Laser-Hack zeigt dir, wie es geht!

Laser-Hack 10: Spektrometer zusammenbauen

Abbildung 20:
Foto der für das Spektrometer benötigten Komponenten.

In diesem Laser-Hack zeige ich dir, wie du das Czerny-Turner-Spektrometer aus den einzelnen Komponenten aufbaust. Es werden dazu alle Aufbauten der letzten Hacks benötigt: Neben dem Breadboard und den sechs Seitenwänden sind es die beiden Halterungen für die Spiegel, der Gitterhalter und der Eintrittsspalt. Damit das Spektrometer einwandfrei funktionieren kann, ist es wichtig, dass beim aufgebauten Spektrometer alle Abstände den Spezifikationen der optischen Komponenten entsprechen. Vor allem ist es wichtig dass die Abstände zwischen den Konkavspiegeln und dem Gitter bzw. dem Beobachtungsschirm den Brennweiten entsprechen.

Zusätzlich zu den bereits genannten Komponenten werden die in der folgenden Liste aufgeführten Bausteine benötigt, die eine besonders hohe strukturelle Festigkeit des Spektrometers gewährleisten sowie dem Aufbau des Beobachtungsschirms dienen.

Anzahl	Bausteinname	Art.-Nr.	Farbe
7	Tile 1 x 8	4162	Black
1	Tile 1 x 6	6636	Black
2	Tile Modified 1 x 2 Grille without Bottom Groove	2412a	Black
10	Brick 1 x 10	6111	White

Damit der Aufbau schnell und fehlerfrei gelingt, habe ich die folgende Aufbauanleitung in sieben aufeinander aufbauenden Schritten unterteilt. Los geht's!

Schritt 1: Zunächst musst du die Grundplatte auf einem ebenen und festen Untergrund, wie z.B. einem Schreibtisch, platzieren. Dann steckst du den Eintrittsspalt auf der Grundplatte an der Eckposition auf, wie es auf dem untenstehenden Foto dargestellt ist. Die rot markierten Punkte sollen dir bei der Positionierung helfen. Sie kennzeichnen je eine freizulassende LEGO®-Noppe, sodass du die Position genau abzählen kannst.

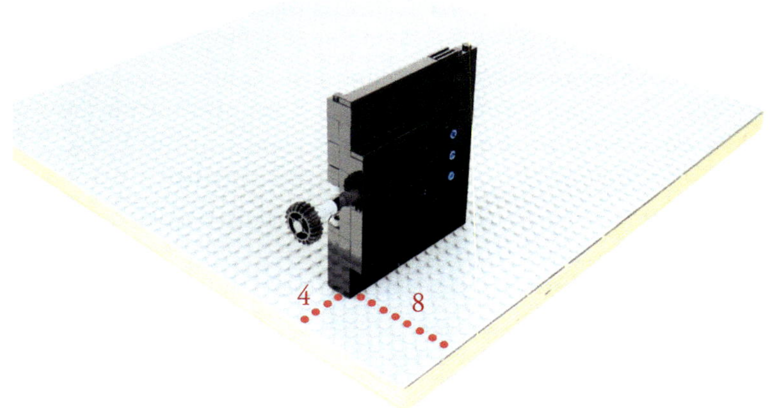

Abbildung 21:
Schritt 1 der Aufbauanleitung des Czerny-Turner-Spektrometers: Positionierung des Eintrittsspalts.

Schritt 2: Damit der Halter für den Kollimatorspiegel passgenau auf der Grundplatte des Spektrometers befestigt werden kann, muss von diesem die graue Hilfsplatte aus Laser-Hack 6 (Aufbauschritt 23) entfernt werden. Entferne dazu die unteren Gummibänder. Der Halter muss anschließend auf der Grundplatte des Spektrometers in gleicher Anordnung aufgebaut werden. Für die Positionierung hilft es, wenn du dich an dem Aufbau der Komponenten an der Hilfsplatte orientierst und die Einzelteile Stück für Stück auf der Grundplatte befestigst. Der Halter muss, wie auf dem Foto gezeigt, am Rand der Grundplatte angebracht werden. Achte darauf, dass alle Bauteile fest auf der Grundplatte angedrückt sind.

Aufbautipp: Fotografiere den Spiegelhalter auf der Hilfsplatte, bevor du ihn abbaust. Dadurch ist es einfacher die Komponenten auf der Grundplatte wieder richtig zusammenzubauen.

Abbildung 22:
Schritt 2 der Aufbauanleitung des Czerny-Turner-Spektrometers: Aufbau des Halters für den Kollimatorspiegel.

Nach diesem Aufbauschritt solltest du unbedingt prüfen, ob die drei Verstellfunktionen noch einwandfrei funktionieren. Wenn die Komponenten nicht richtig auf die Bodenplatte gedrückt wurden, wird beispielsweise die Linearverschiebung nicht mehr richtig funktionieren oder haken. Prüfe bitte den vollständigen Verfahrweg.

Schritt 3: Jetzt muss der Halter für den Fokussierspiegel, wie auf dem Foto gezeigt, platziert werden. Drehe dazu die Grundplatte um 180° und beachte die roten Markierungen für den Abstand zwischen Seitenwandelement und Spiegelhalter in der Abbildung.

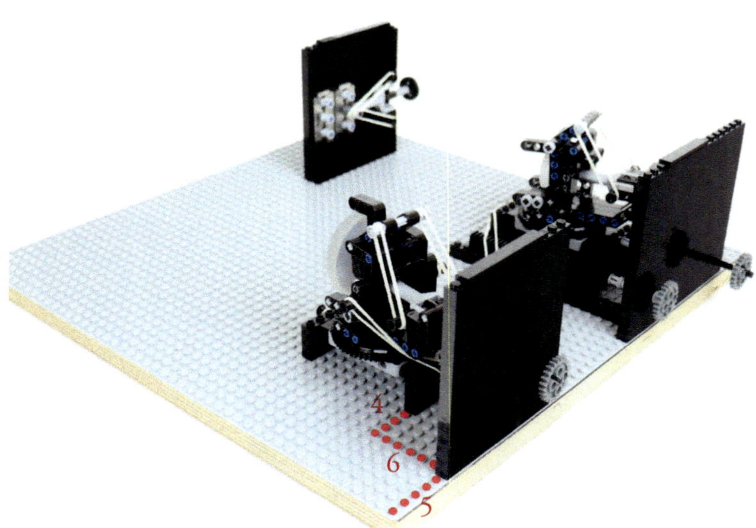

Abbildung 23:
Schritt 3 der Aufbauanleitung des Czerny-Turner-Spektrometers: Aufbau des großen Spiegelhalters.

Auch nach diesem Aufbauschritt solltest du die Funktionen dieses Spiegelhalters überprüfen. Wichtig ist nun zudem, dass du den richtigen Sitz der Seitenwandelemente prüfst. Vor allem sollten beide Wände in gleicher Flucht zueinander stehen und senkrecht zur Grundplatte montiert sein.

Jetzt müssen die beiden Konkavspiegel grundlegend ausgerichtet werden. Beide Spiegel sollten möglichst vertikal zur Grundplatte stehen. Hierzu nutzt du die Einstellmöglichkeiten, um die horizontale Drehachse direkt an den Spiegelhaltern einzustellen. Die Ausrichtung der Spiegel um die vertikale Drehachse erfolgt im übernächsten Aufbauschritt.

Schritt 4: Für die Montage des Gitterhalters drehst du die Grundplatte am besten wieder um 180°. Wie in der Abbildung erkennbar, wird das Gitter rechts neben dem Eintrittsspalt, und sehr nahe am Rand der Grundplatte montiert. Die genaue Position kannst du wieder an den roten Punkten ablesen.

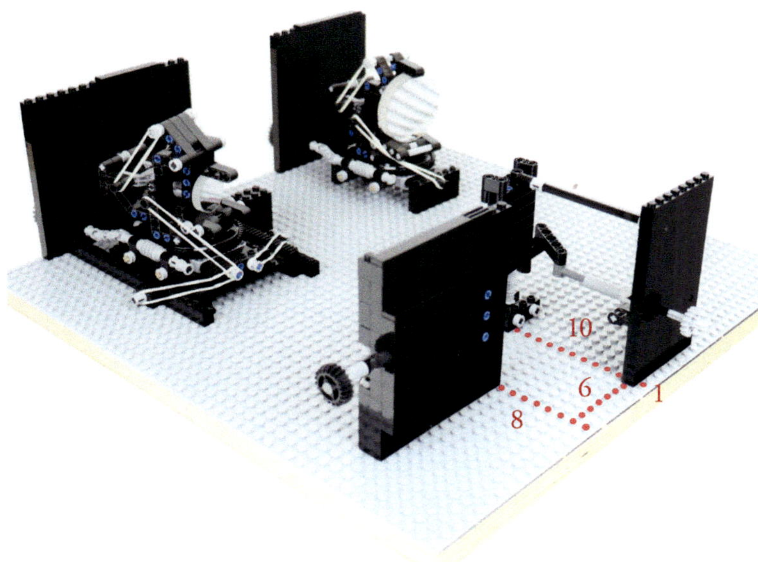

Abbildung 24:
Schritt 4 der Aufbauanleitung des Czerny-Turner-Spektrometers: Aufbau des Gitterhalters.

Nachdem du den Gitterhalter fest (!) auf die Grundplatte gedrückt hast, solltest du die Drehfunktion überprüfen und darauf achten, dass die Seitenwand senkrecht steht. Wenn alles funktioniert, sollte die Gitterposition in die Grundstellung eingestellt werden. Das ist dann erreicht, wenn das CD-Reflektionsgitter möglichst parallel zu seiner Seitenwand ausgerichtet ist.

Schritt 5: Für diesen Aufbauschritt benötigen wir die Seitenwand Nummer 4 und den Beobachtungsschirm. Bevor du die Komponenten auf der Grundplatte platzieren kannst, musst du noch den Beobachtungsschirm aufbauen.

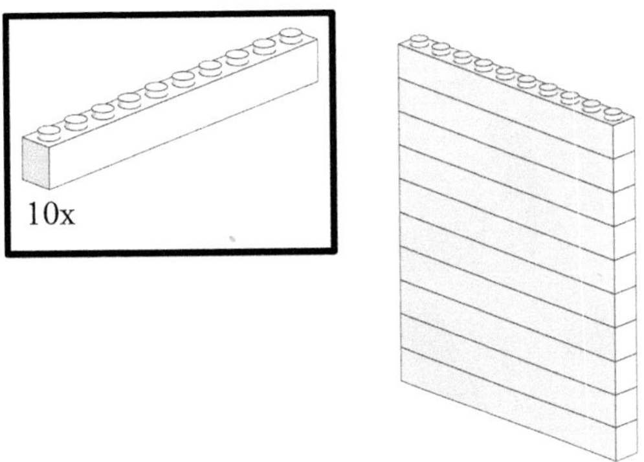

Die roten Punkte zeigen dir, wo beide Komponenten auf der Grundplatte aufgebaut werden müssen. Da es sich nur um dünne Seitenplatten ohne gegenseitige Stützen handelt, können diese Seitenwände (noch) einfach verkippen. Mit dem Aufbau der weiteren Seitenwände in Schritt 6 erfolgt allerdings eine Stabilisierung. Achte auf die richtige Position des weißen Beobachtungsschirms, damit er im Brennpunkt des Fokussierspiegels steht.

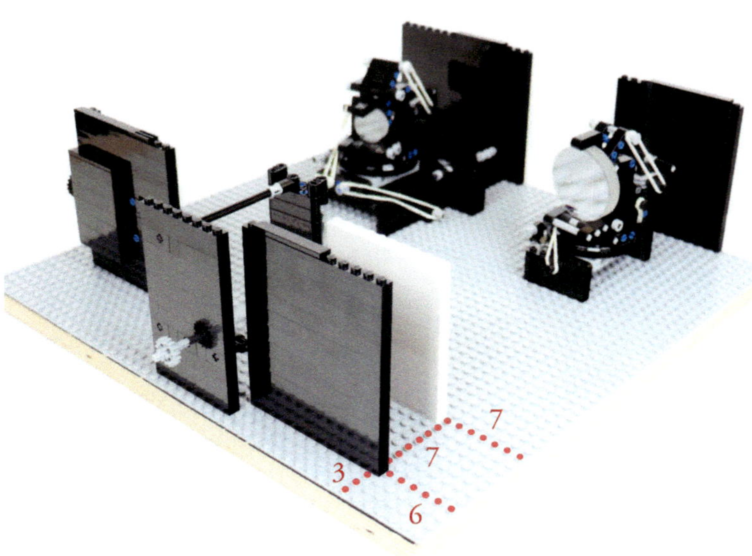

Abbildung 25:
Schritt 5 der Aufbauanleitung des Czerny-Turner-Spektrometers: Aufbau und Positionierung des Beobachtungsschirms und einer Seitenwand.

Abschließend können nun die Grundpositionen der beiden Konkavspiegel um ihre vertikale Drehachse eingestellt werden. Dies erfolgt über die Stellräder an der Außenseite der Seitenwände. Die Spiegel müssen dabei (grob) in Richtung des Gitters ausgerichtet werden: Der Kollimatorspiegel zeigt in die Richtung zwischen Eintrittsspalt und Gitter; der Fokussierspiegel zwischen Gitter und Beobachtungsschirm. Die genaue Justage der Strahlführung erfolgt im Laser-Hack 11.

Schritt 6: Als nächstes wird das lichtdichte Gehäuse aufgebaut. Hierzu werden die verbleibenden sechs Seitenwände an den passenden Stellen auf der Grundplatte platziert, sodass sich zusammen mit den Seitenwänden der bereits aufgebauten Komponenten eine geschlossene Außenhülle ergibt. Die Skizze hilft dir bei der richtigen Zuordnung der Seitenwände zu den passenden Positionen.

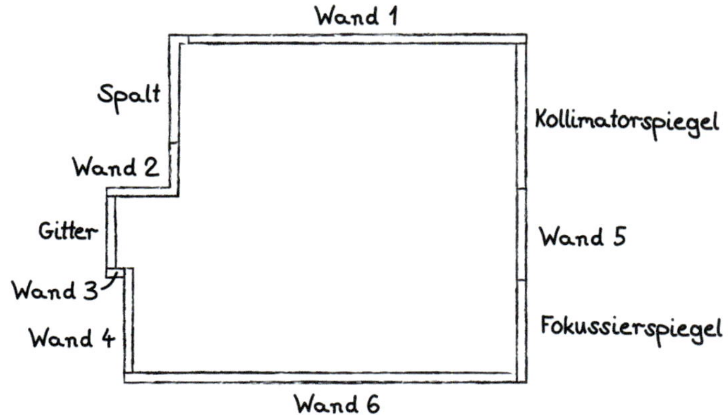

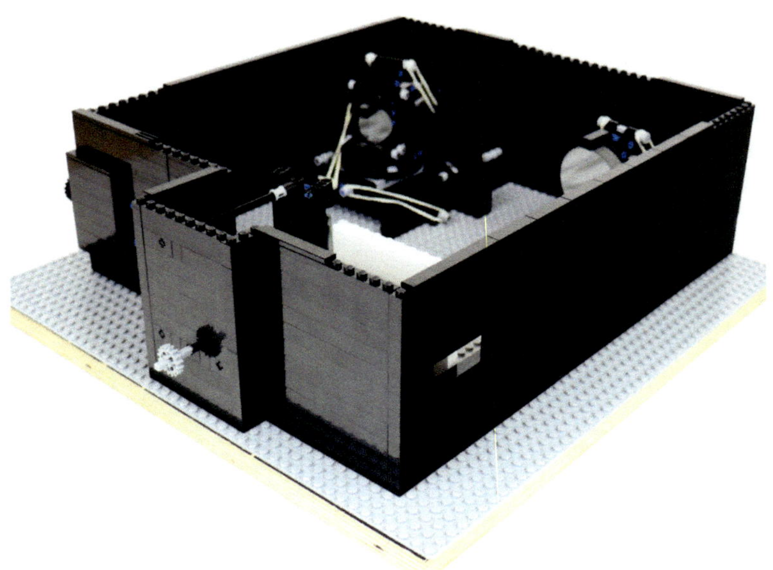

Abbildung 26:
Schritt 6 der Aufbauanleitung des Czerny-Turner-Spektrometers: Einbau der weiteren sechs Seitenwände des Spektrometers gemäß der Skizze.

Schritt 7: Zuletzt müssen die einzelnen optomechanischen Komponenten sowie die Seitenwände miteinander durch die LEGO®-Fliesen (tiles) verbunden werden. Die abgeflachten Bausteine sind, wie auf dem Foto gezeigt, an noch nicht besetzten Oberkanten des Spektrometers so anzubringen, dass umlaufend ein glatter Abschluss entsteht. Neben der mechanischen Stabilität ergibt sich hierdurch auch eine glatte Auflagefläche für den Deckel des Spektrometers.

Abbildung 27:
Schritt 7 der Aufbauanleitung des Czerny-Turner-Spektrometers: Mechanische Stabilisierung der Seitenwände durch LEGO®-Fliesen.

Das Spektrometergehäuse ist nun fertig aufgebaut. Sieht schon toll aus, oder?

Laser-Hack 11: Justage des Spektrometers

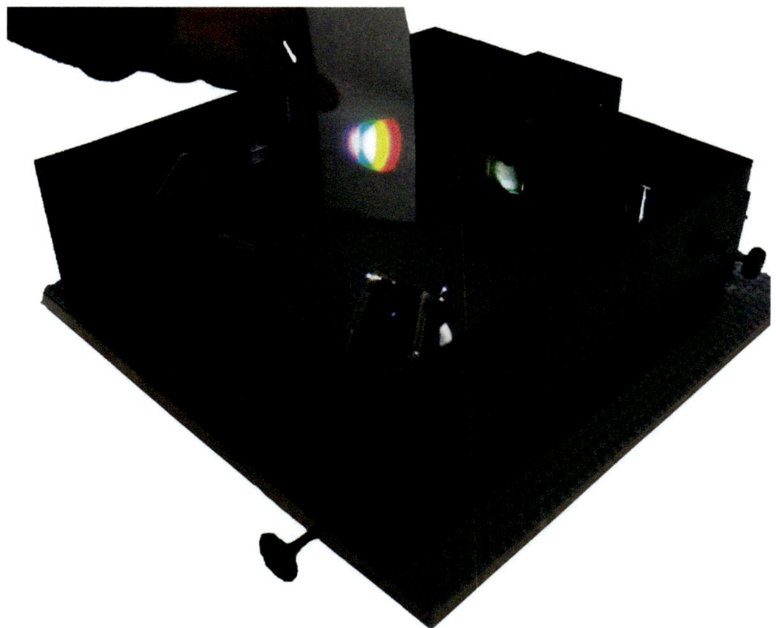

Abbildung 28:
Foto des justierten Czerny-Turner-Spektrometers.

Für die Justage solltest du den Raum, in dem du experimentieren willst, abdunkeln, sodass du den Strahlengang im Spektrometer optimal verfolgen kannst.

Bevor du mit dem Spektrometer zu experimentieren beginnen kannst, muss der optische Strahlengang einjustiert werden. Eine solche Justage bedeutet, dass Lichtstrahlen ausgehend vom Eingangsspalt über den Kollimatorspiegel, das CD-Reflexionsgitter, den Fokussierspiegel bis auf den Beobachtungsschirm präzise durchgefädelt werden. Ziel der Justage ist es, eine scharfe Abbildung der spektralen Zerlegung des einfallenden Lichts auf dem Beobachtungsschirm zu erhalten, also eine regenbogenartige Aufspaltung in die einzelnen Farbanteile der Lichtquelle. Für die Justage wird eine Lichtquelle mit möglichst vielen Farbanteilen benötigt. Ich verwende dazu die Weißlicht-LED aus Laser-Hack 2. Sie ist vor allem im blauen und gelben Spektralbereich sehr lichtintensiv. Für die Justage wird weiter ein weißes Blatt Papier oder eine weiße Karteikarte benötigt, mit der sich der Strahlengang des Lichts durch das Spektrometer verfolgen lässt. Die Justage führst du am besten entlang der folgenden acht Schritte durch.

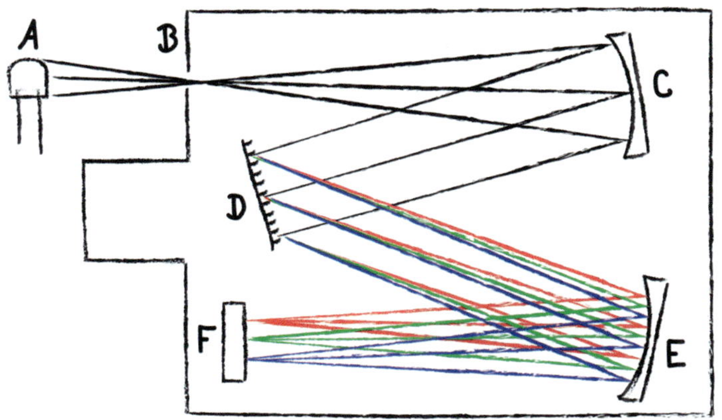

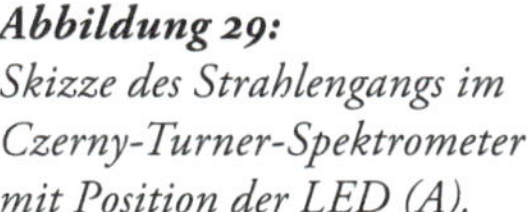

Abbildung 29:
Skizze des Strahlengangs im Czerny-Turner-Spektrometer mit Position der LED (A).

Schritt 1: Verbinde zunächst die LED (A in Abb. 29) mit einer Stromquelle (9 V Blockbatterie) und schalte diese ein. Jetzt steckst du den Lichtquellenhalter auf die Grundplatte so auf, dass die LED mit ihrer Abstrahlkeule auf den Eintrittsspalt (B) ausgerichtet ist und möglichst viel Licht in das Spektrometer einfällt. Den Eintrittsspalt kannst du am besten weit öffnen.

Du musst unbedingt darauf achten, dass die Rasierklingen des Spalts parallel und nicht schief zueinander stehen.

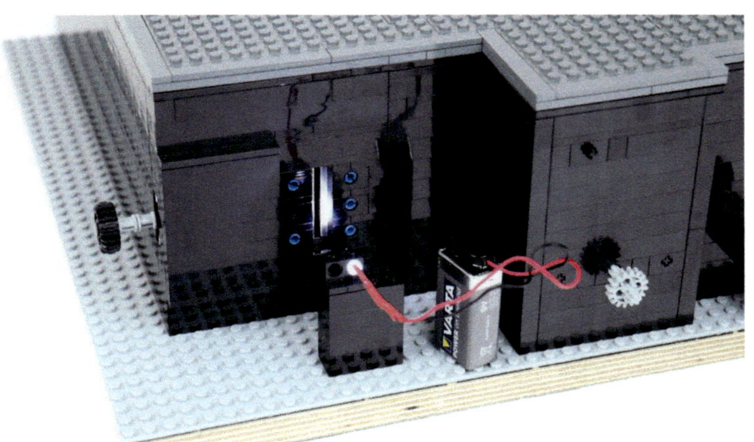

Abbildung 30:
Schritt 1 der Justageanleitung des Czerny-Turner-Spektrometers: Justage des Eintrittsspalts (B).

Als Orientierung kannst du eine 1ct, 2ct oder 5ct Münze nehmen. Sie haben alle eine Dicke von 1,67 mm.

Schritt 2: Jetzt stellst du die Breite des Eintrittsspalts auf ca. 1-2 mm ein. Damit wirst du genug Licht ins Spektrometer einlassen, sodass du den Strahlengang bei allen Justageschritten gut erkennen kannst. Mit dem Blatt Papier kannst du nun den Lichtweg vom Eintrittsspalt bis zum Kollimatorspiegel (C) verfolgen. Dazu hältst du das Papier direkt hinter den Eintrittsspalt und bewegst es langsam bis zum Kollimatorspiegel. Das Papier sollte entlang dieser Achse immer gut ausgeleuchtet sein.

Bei Schritt 3 drehst du nur an den beiden Stellschrauben des Kollimatorspiegels für die horizontale bzw. vertikale Verkippung.

Schritt 3: Jetzt justierst du den Kollimatorspiegel derart ein, dass der Lichtstrahl möglichst mittig auf das CD-Reflexionsgitter (D) einfällt. Auch hier hilft dir das Stück Papier, indem du es kurz vor das Gitter hältst und prüfst, ob das Gitter vollständig vom Licht ausgeleuchtet wird. Wenn das nicht der Fall ist, kannst du durch Verkippen des Kollimatorspiegels den Lichtkegel auf dem Gitter hin- und herbewegen. Probier es ein paar Mal aus, bis du die beste Spiegelposition erreicht hast.

Schritt 4: In dieser Spiegelposition musst du den Kollimatorspiegel linear so verfahren, dass der Spalt im Fokuspunkt des Kollimatorspiegels liegt. Hierzu drehst du an der Schraube für den Linearschlitten, sodass sich der Spiegel in Richtung des Spalts bzw. vom Spalt weg bewegt. Beobachte dabei mit dem Papier den Lichtfleck direkt vor dem Gitter. Der Spiegel ist dann perfekt getroffen, wenn auf dem Papier ein Lichtkreis mit scharfen Kanten abgebildet wird.

Bei Schritt 4 justierst du den Strahlengang nur mithilfe der Stellschraube für die Linearverschiebung.

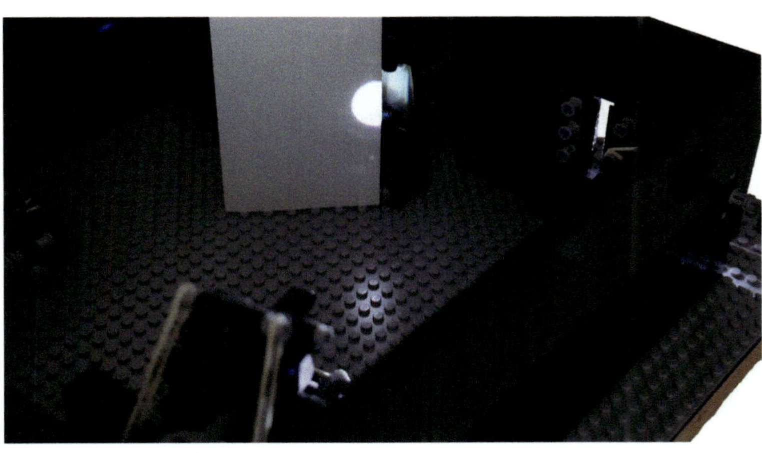

Abbildung 31:
Schritt 4 der Justageanleitung des Czerny-Turner-Spektrometers: Justage des Kollimatorspiegels (C).

Schritt 5: Das Gitter muss durch die Justierschraube des Gitterhalters so gedreht werden, dass das reflektierte und spektral aufgeteilte Licht zentral auf den Fokussierspiegel (E) trifft. Du wirst mehrere Reflexe hinter dem Gitter sehen. Das 1. Maximum (im Bild links neben dem weißen Lichtfleck) musst du auf den Fokussierspiegel ausrichten. Halte das Papier direkt vor den Spiegel und prüfe, dass der bunte Lichtfleck den Spiegel möglichst vollständig ausleuchtet.

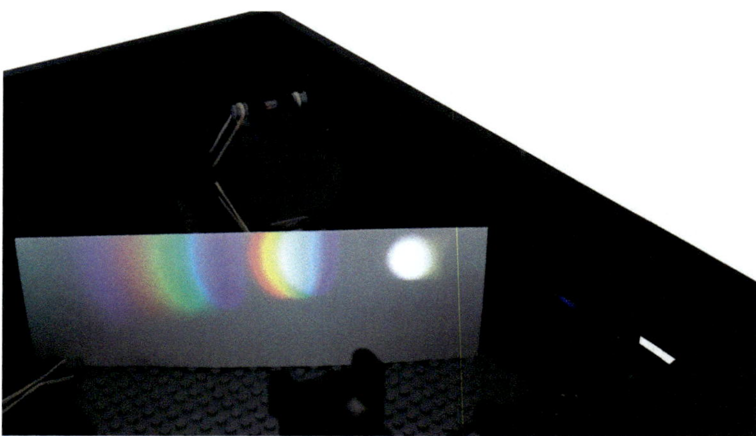

Abbildung 32: *Schritt 5 der Justageanleitung des Czerny-Turner-Spektrometers: Ausrichtung des reflektierten Lichts im Spektrometer. Von links nach rechts zu sehen sind das Maximum 2. Ordnung, das Maximum 1. Ordnung und das Maximum 0. Ordnung (weißer Lichtfleck)*

Schritt 6: Jetzt musst du nur noch den Fokussierspiegel so einjustieren, dass der bunte Lichtfleck den Beobachtungsschirm (F) möglichst in der Mitte trifft. Wenn du die Position des Beobachtungsschirm richtig gewählt hast, wird die Projektion eine gute Abbildung des regenbogenartigen Lichtflecks zeigen.

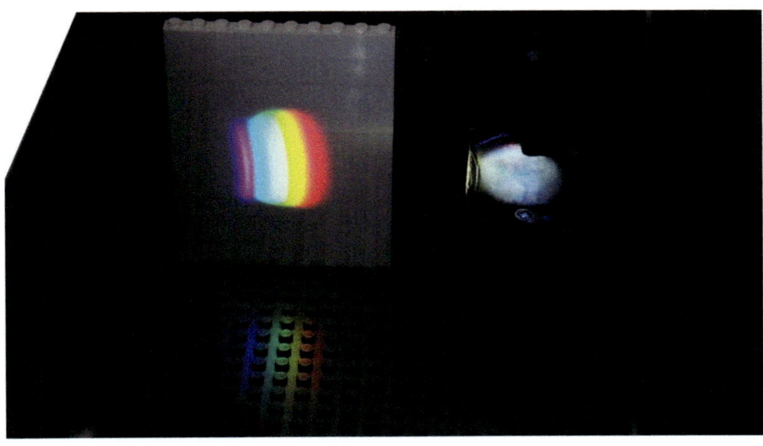

Abbildung 33:
Schritt 6 der Justageanleitung des Czerny-Turner-Spektrometers: Spektral aufgeteiltes Licht auf dem Beobachtungsschirm.

Schritt 7: Jetzt optimierst du die spektrale Auflösung der Abbildung. Dazu reduzierst du die Breite des Eintrittsspalts. Du wirst sehen, dass die Abbildung auf dem Beobachtungsschirm an Bildschärfe gewinnt. Zugleich nimmt die Lichtintensität deutlich ab. Wenn du das Lichtspektrum nicht mehr sehen kannst, hilft es vielleicht, wenn du den Raum noch etwas weiter abdunkelst.

Stelle den Spalt nicht zu schmal ein. Sollte der Spalt zu schmal eingestellt sein, hast du zu wenig Licht im Strahlengang und es kann zu Beugungsphänomenen kommen.

Jetzt ist das Spektrometer eingestellt und einsatzbereit für die ersten Experimente und Untersuchungen! Abhängig von der Lichtquelle, die du vor dem Spalt des Spektrometers verwendest, kannst du verschiedenste Spektren und sogar Atomspektren beobachten.

Probier‘s am besten direkt mit einer Taschenlampe, einer Fahrradleuchte, einem Teelicht, einem Laserpointer oder einer Halogenlampe aus!

Mehr zur Vermessung von Atomspektren findest du in Laser-Hack 15.

Spektrum mit USB-Zeilenkamera vermessen

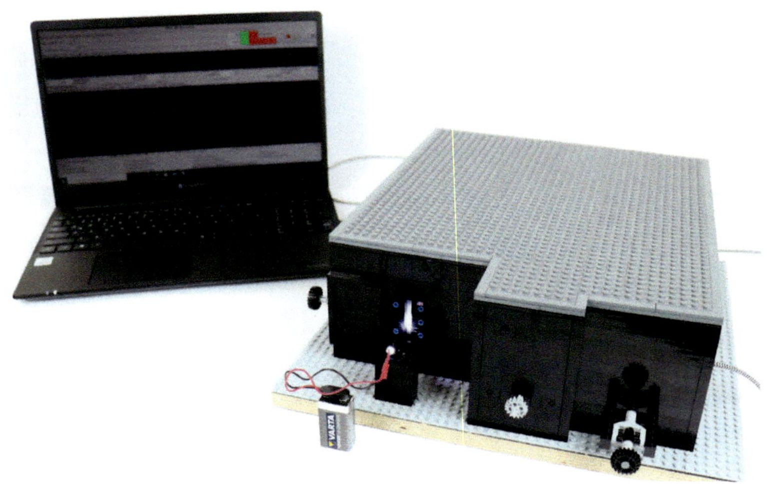

Abbildung 34: *Czerny-Turner-Spektrometer mit einer CCD-Zeilenkamera als Detektoreinheit.*

Moderne Spektrometer besitzen anstelle des Beobachtungsschirms, einen Detektor, mit dem die spektralen Anteile des Lichts automatisiert gemessen und als Datensatz in einer Datei auf dem Computer abgespeichert werden können. Dies bringt eine Reihe von Vorteilen mit sich: Für jede Lichtfarbe kann die Intensität quantitativ, also als Zahlenwert, erfasst werden. Dies ist wichtig, wenn man Unterschiede in der Zusammensetzung des Lichts aufzeigen möchte, die mit dem bloßen Auge nicht erkennbar sind. Die Zahlenwerte werden als Wertepaar aus Intensität und Lichtfarbe gespeichert. Als Messgröße für die Lichtfarbe dient entweder die Lichtwellenlänge oder die Photonenenergie. Trägt man die Lichtintensität als Funktion der Energie in einer Grafik auf, entsteht ein Intensitäts-Spektrum, das charakteristische Merkmale, wie Maxima und/oder Linien aufweist. Ich selbst finde die Auftragung gegen die Wellenlänge anschaulicher. Daher ist in allen folgenden Abbildungen dieses Buches die Lichtintensität gegen die Pixel bzw. die Wellenlänge auftragen. Die Analyse des Spektrums erlaubt es dann die Atome bzw. Moleküle zu benennen, die in der Lichtquelle die Lichtabstrahlung verursachen.

Das menschliche Auge ist am sensibelsten für grünes Licht. Daher erscheint uns grünes Licht heller als rotes Licht gleicher Intensität.

Zu den weiteren Vorteilen der automatisierten Detektion zählen die Messgenauigkeit, der Umfang der detektierten Messdaten, die Empfindlichkeit der Messung und die Geschwindigkeit der Messung. Die Kombination dieser Aspekte ist die Grundlage für die höchstauflösende Spektroskopie in Forschung & Entwicklung und hat viel zum Verständnis unseres Universums beigetragen. Außerdem lassen sich mithilfe eines so professionalisierten Spektrometers wesentlich präzisere Messungen von besonders intensitätsschwachen Lichtquellen oder sogar planetaren Körpern aufnehmen.

Auf unserer Webseite www.1000laserhacks.de findest du eine Anleitung zur Spurengasanalyse der Ringe der Jupitermonde mit deinem Czerny-Turner-Spektrometer und einem Teleskop.

Abhängig von der Lichtquelle wird der Detektortyp ausgewählt. Soll besonders schnell gemessen werden, kommen Kameras zum Einsatz. Einzeldetektoren mit großem Dynamikbereich werden bei besonders großen Intensitätsunterschieden im Spektrum verwendet. Das Czerny-Turner-Spektrometer bietet hierbei den Vorteil, dass es den Austausch von Detektoren sehr einfach ermöglicht. Ich verwende hier eine USB-Zeilenkamera, da ich Lichtquellen im sichtbaren Bereich sehr gut, schnell und über einen großen Farbbereich erfassen möchte.

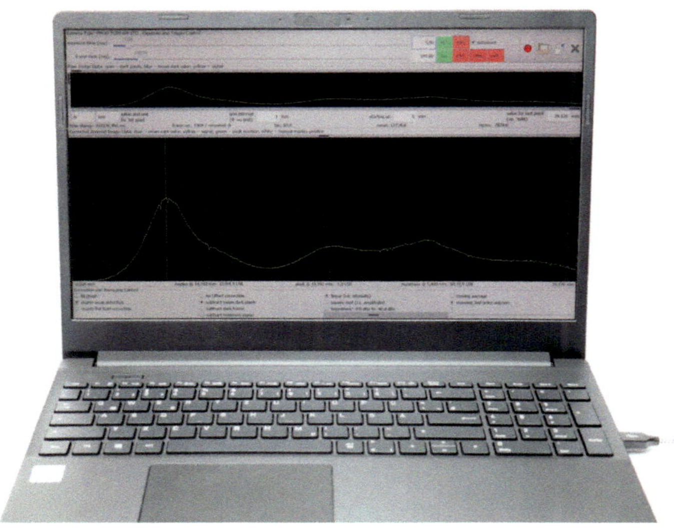

Abbildung 35:
Foto des Laptops mit der laufenden Benutzer– und Steueroberfläche der USB-Zeilenkamera Software.

Laser-Hack 12: Halter für USB-Zeilenkamera bauen

Abbildung 36: *Foto des fertig aufgebauten Halters für die USB-Zeilenkamera.*

Die USB-Zeilenkamera stellt für die Automatisierung das Herzstück des Czerny-Turner-Spektrometers dar. Da es sich bei der Kamera um ein empfindliches elektronisches Bauteil handelt, muss es möglichst fest im Aufbau verbaut werden. Die Befestigung der Zeilenkamera wird im Experiment durch den Halter gewährleistet, der in diesem Laser-Hack aufgebaut wird.

Neben der mechanischen Fixierung der Zeilenkamera erfüllt der Halter noch eine weitere Funktion: Mithilfe der Justierschraube lässt sich der Halter inklusive der Zeilenkamera in Richtung des Fokussierspiegels verschieben. Wie du bereits in den früheren Laser-Hacks gelernt hast, ist diese Funktion im Czerny-Turner-Spektrometer wichtig, damit die Zeilenkamera präzise in der Brennweite des Fokussierspiegels positioniert werden kann.

Um den CCD-Halter aufzubauen werden die folgenden LEGO®-Bausteine benötigt.

Anzahl	Bausteinname	Art.-Nr.	Farbe
2	Brick 2 x 3	3002	Black
1	Brick 2 x 2	3003	Black
2	Brick 1 x 2	3004	Black
1	Brick 1 x 1	3005	Black
1	Brick 2 x 10	3006	Black
1	Brick 1 x 8	3008	Black
5	Brick 1 x 4	3010	Black
1	Plate 2 x 2	3022	Black
1	Plate 1 x 2	3023	Black
2	Plate 6 x 12	3028	Dark Bluish Grey
4	Plate 4 x 10	3030	Black
1	Plate 4 x 6	3023	Black
1	Technic Brick 1 x 2 with Holes	32000	Black
1	Technic Pin 3L with Friction Ridges Lengthwise and Stop Bush	32054	Black
4	Technic Bush ½ Smooth	32123	Light Bluish Grey
1	Technic Gear 12 Tooth Double Bevel	32270	Black
2	Brick 1 x 3	3622	Black
4	Technic Pin with Friction Ridges Lengthwise with Center Slots	2780	Black
2	Technic Brick 1 x 4 with Holes	3701	Black
2	Plate 1 x 4	3710	Black
1	Technic Axle Pin with Friction Ridges Lengthwise	43093	Blue
2	Technic Brick 1 x 6 with Holes	3894	Black
1	Tile 1 x 6	6636	Black
2	Tile 1 x 8	4162	Black
2	Technic Axle 3	4519	Light Bluish Grey
1	Technic Axle Connector 2L (Smooth with x Hole + Orientation)	59443	Black

Solltest du einen 3D-Drucker zur Verfügung haben, kannst du auch eine Halterung für die Zeilenkamera selber drucken. Anleitung und Druckdateien findest du auf unserer Website www.1000laserhacks.de.

Aufbau-Laser-Hack:

Halter für USB-Zeilenkamera bauen

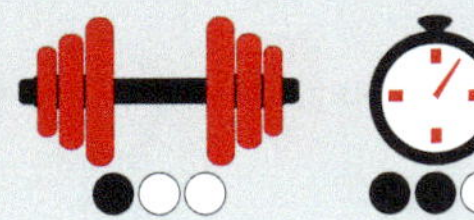

Anzahl	Bausteinname	Art.-Nr.	Farbe
1	Plate 1 x 12	60479	Black
8	Brick 1 x 10	6111	Black
13	Brick 1 x 12	6112	Black
1	Technic Brick 1 x 1 with Hole	6541	Black
1	Technic Axle 3 with Stud	6587	Tan
1	Technic Linear Actuator Mini with Dark Bluish Grey Head and Orange Axle	92693c01	Light Bluish Grey

Die graue Bodenplatte dient in diesem Laser-Hack erneut als Hilfsplatte für den Aufbau des Halters, der Verschiebeeinheit und der Seitenwand. Wenn der Halter in das Spektrometer eingebaut wird, muss diese Hilfsplatte wieder entfernt werden.

1

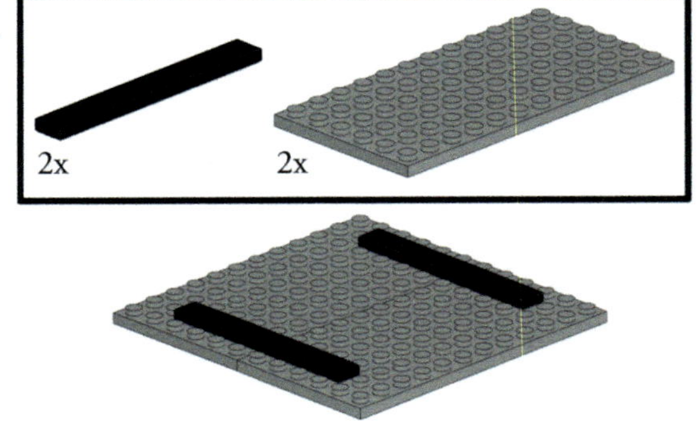

2

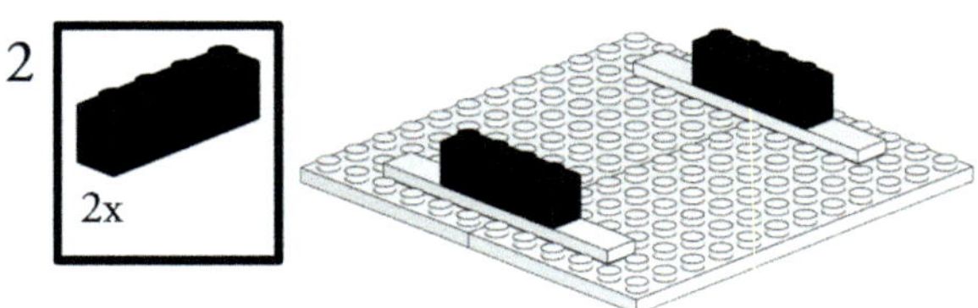

3

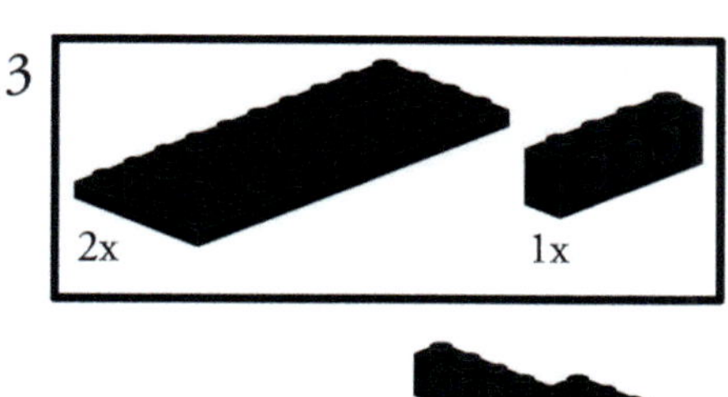

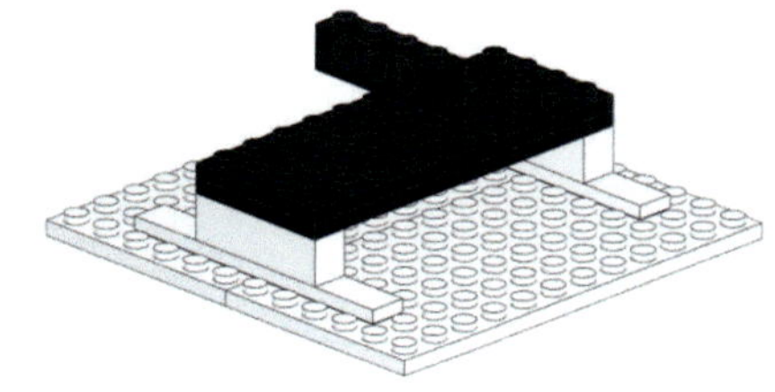

4

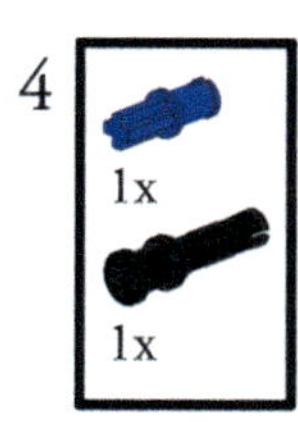

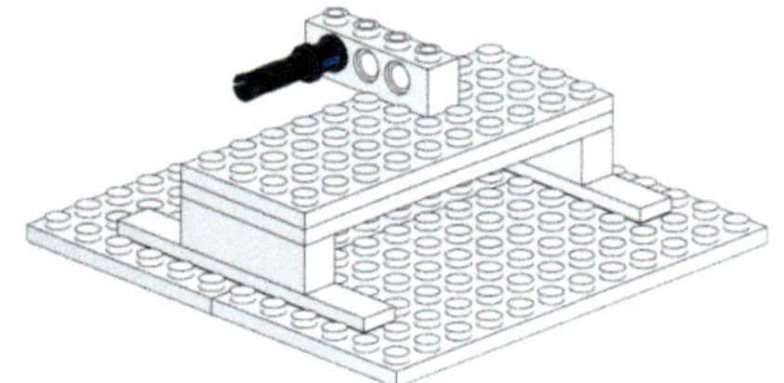

5

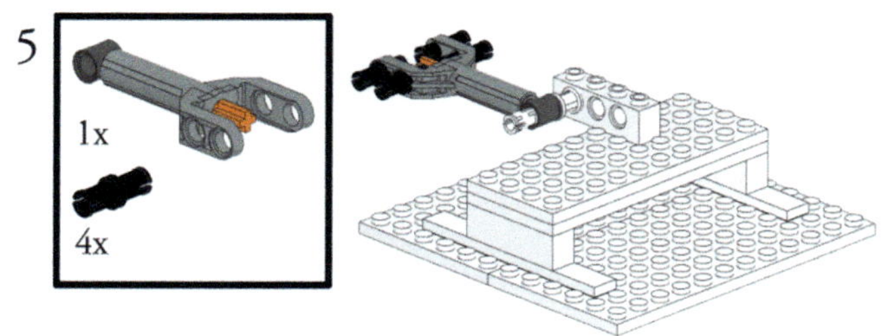

6

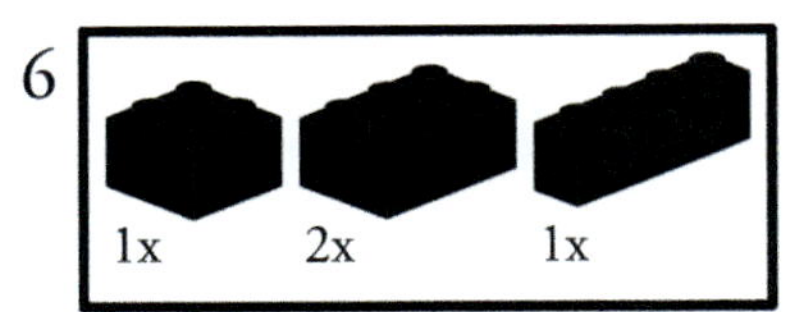

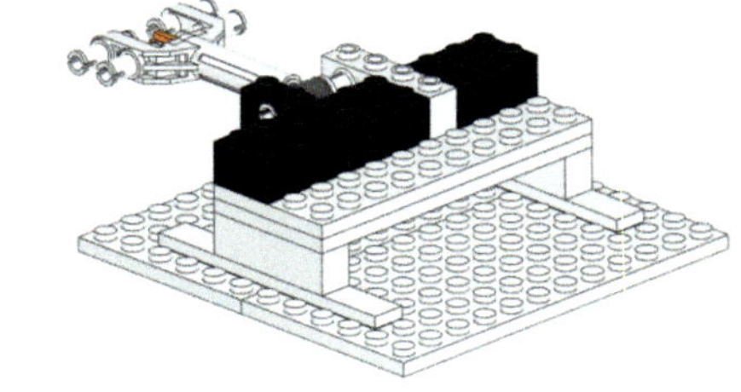

7

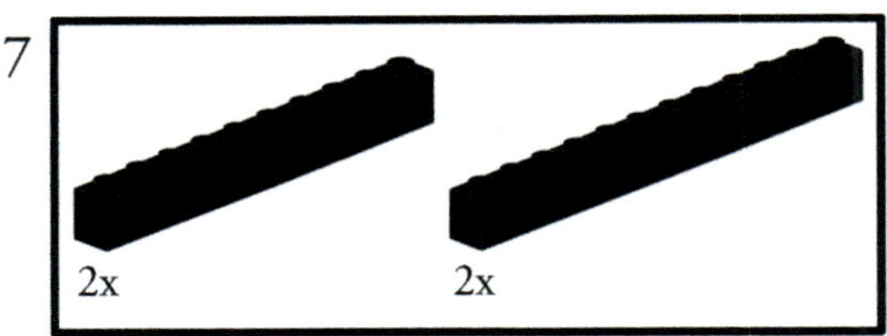

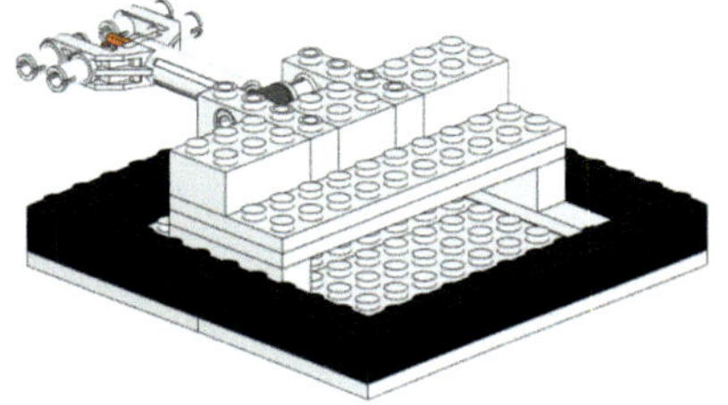

8

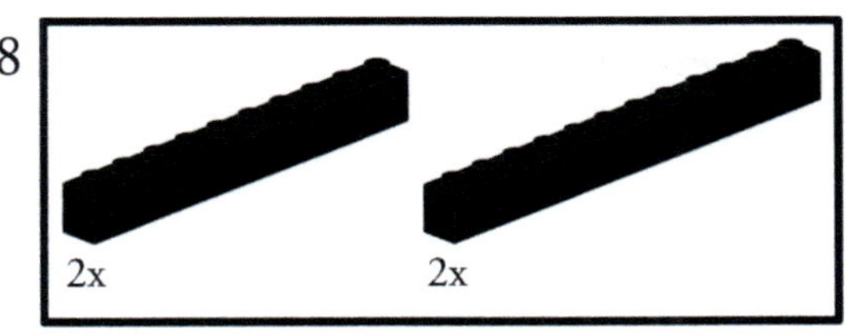

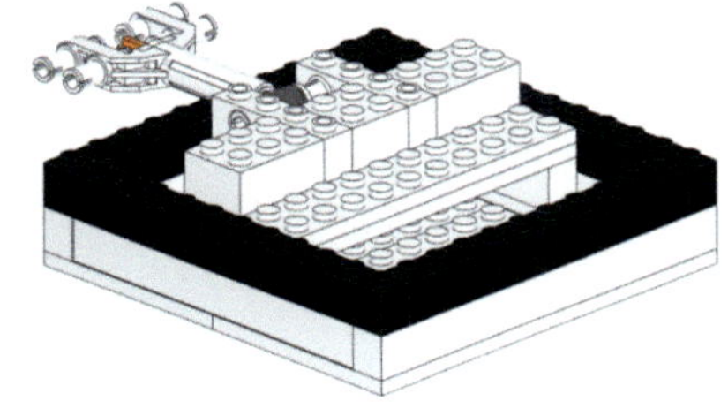

9

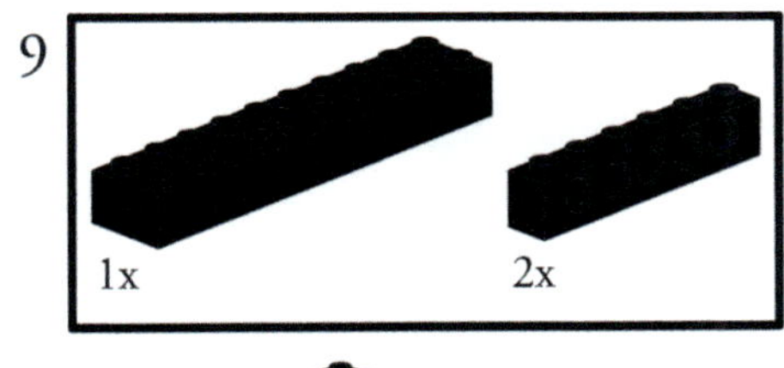

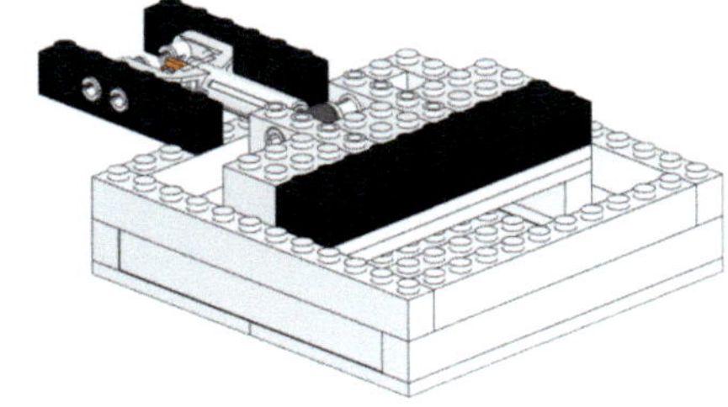

Ab diesem Bauschritt verfügt der CCD-Halter über seine Linearverschiebefunktion. Diese hat einen maximalen Verschiebeweg von 24 mm. Eine Zahnradumdrehung entspricht dabei 2 mm. Du kannst eine Justagegenauigkeit von unter 1 mm erreichen. Positioniere den Schlitten in etwa in der Mitte des Verschiebetischs.

10

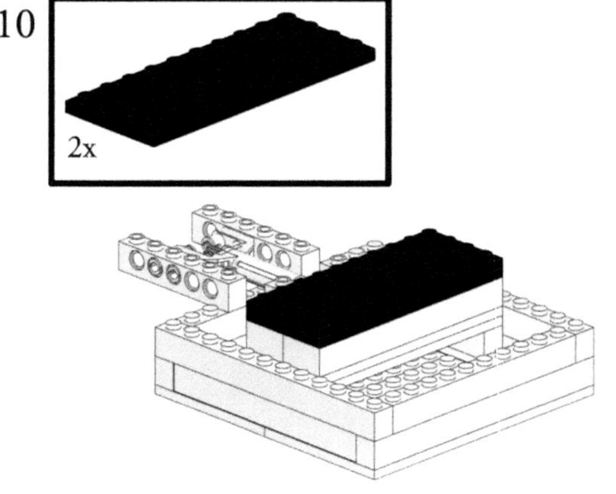

11

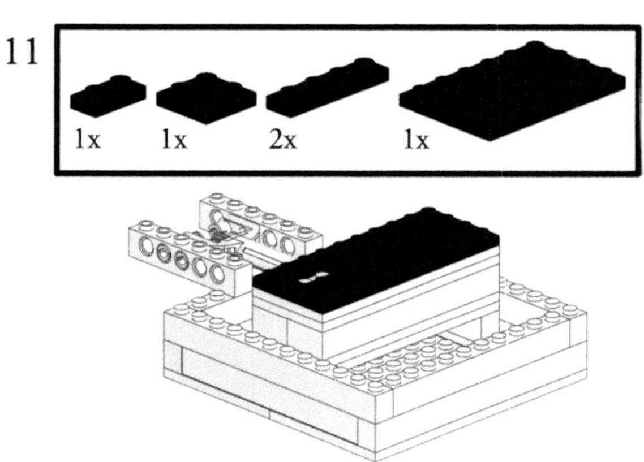

12

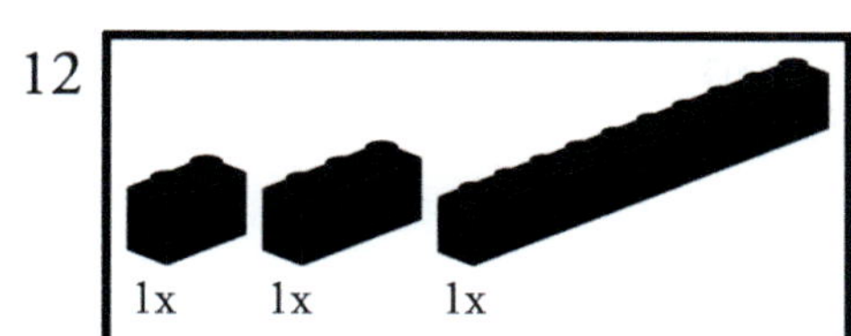

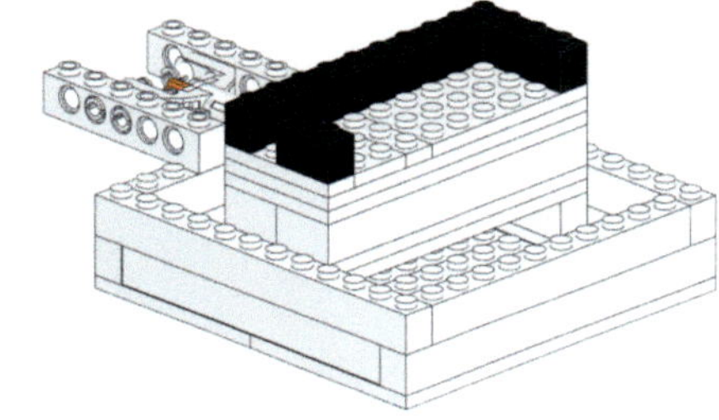

13

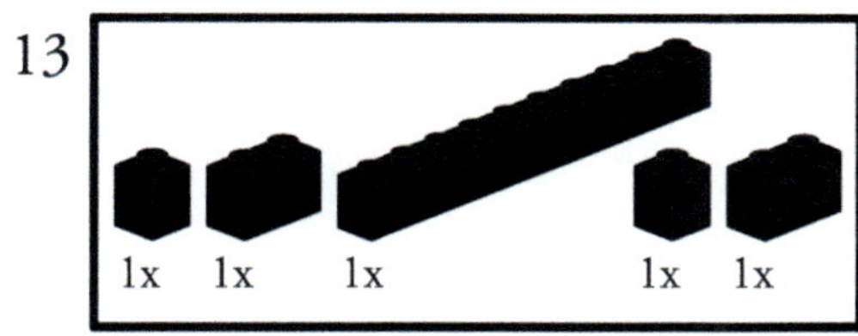

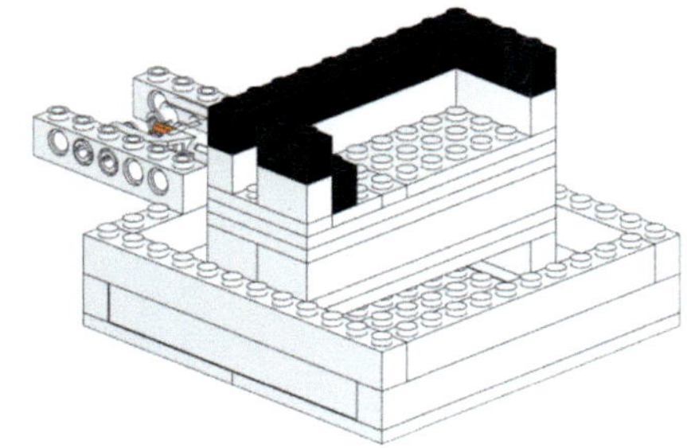

14

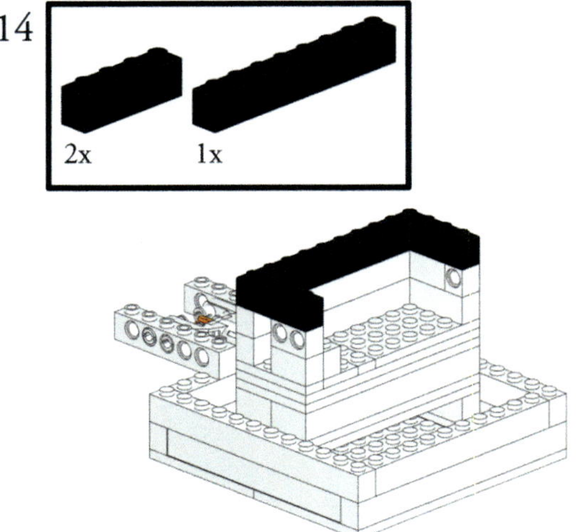

15

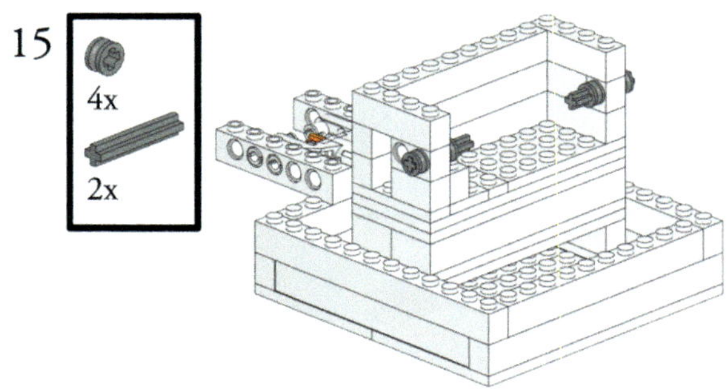

16

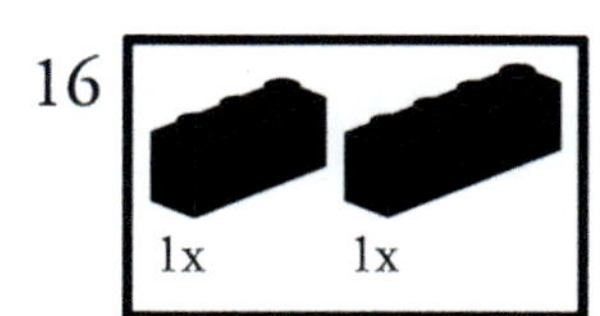

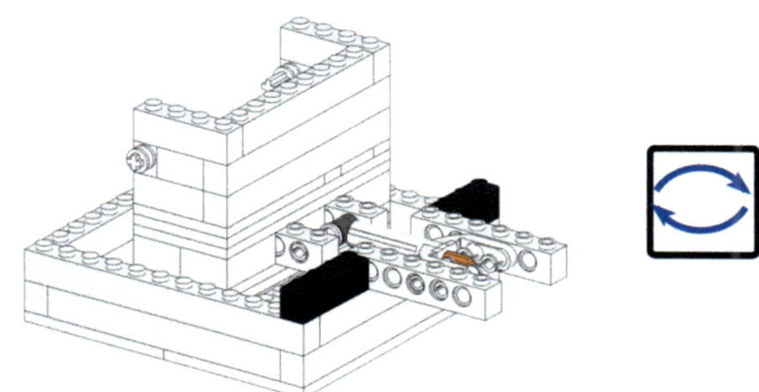

17

1x

1x

1x

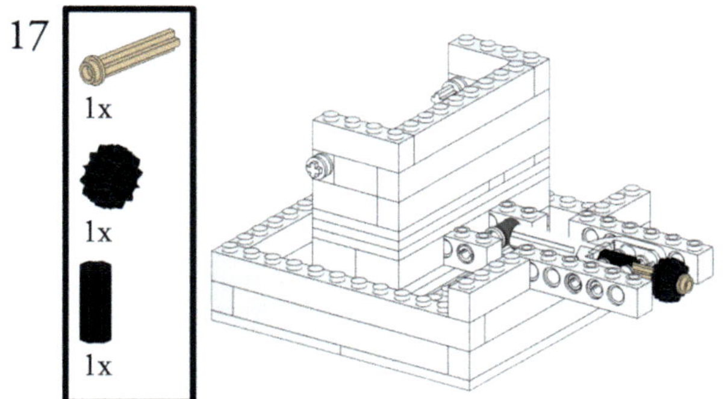

18

2x 2x

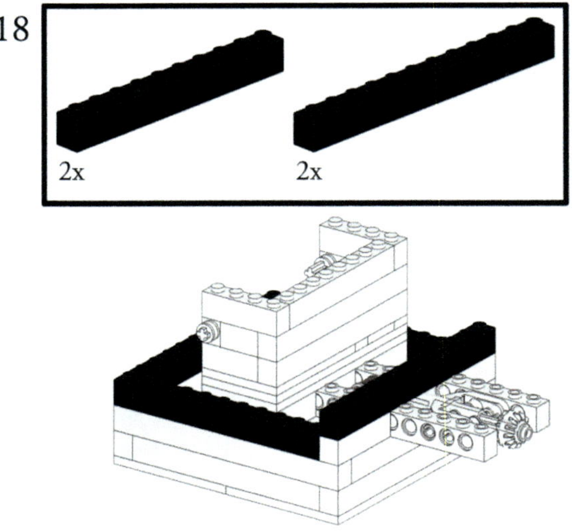

19

6x

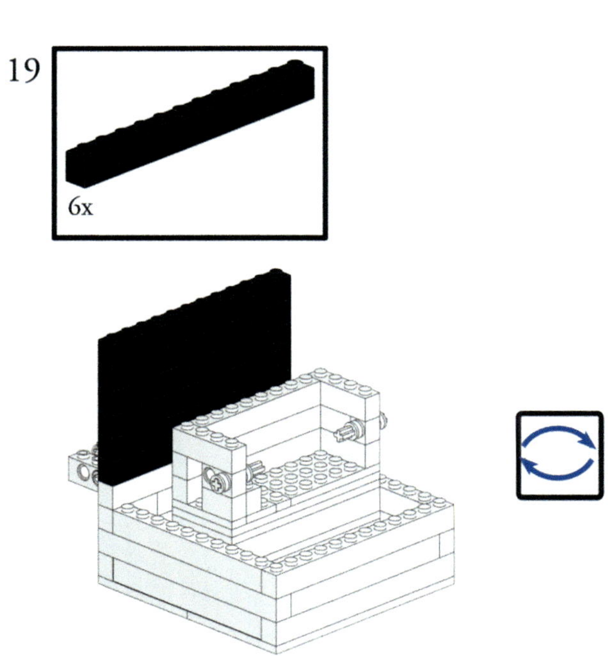

20

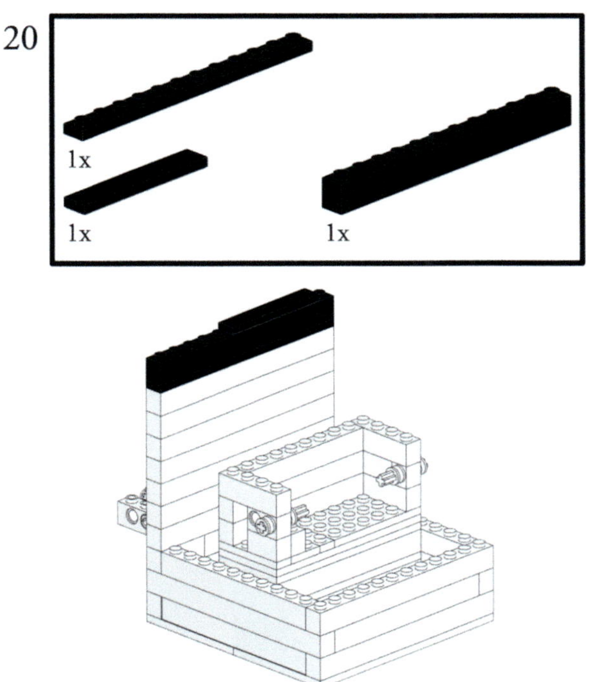

Zuletzt muss noch die USB-Zeilenkamera in die Halterung eingesetzt werden. Da es sich um ein recht empfindliches Bauteil handelt, ist es wichtig, dass dieses weder großen Erschütterungen (nicht hinfallen lassen!) noch elektrischen Entladungen (optimaler Weise nicht mit der Platine in einem Raum mit Teppichboden arbeiten) auszusetzten. Außerdem musst du darauf achten, dass du nicht auf das Glas des Sensors fasst, da Fingerabdrücke die Messergebnisse stark beeinflussen können.

Achtung!

Die Elektronik der USB-Zeilenkamera muss unbedingt vor elektrischen Entladungen geschützt werden. Elektrische Entladungen können beispielsweise entstehen, wenn du mit Socken auf einem Kunststoffteppich läufst. Vor jedem Arbeiten mit der Elektronik solltest du dich daher elektrisch erden. Dies kann z.B. durch das Berühren eines metallischen Türrahmens oder einem Heizkörper erfolgen. Profis verwenden eine Isolationsmatte, die im Elektronikhandel erhältlich ist.

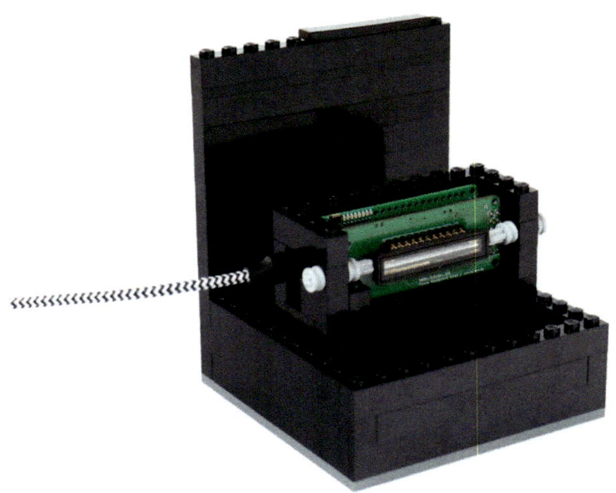

Abbildung 37:
Foto des fertig aufgebauten Halters mit USB-Zeilenkamera.

Ich habe meine USB-Zeilenkamera bei der Firma Eureca Messtechnik GmbH gekauft. Diese Zeile ist kostengünstig, per USB an den Computer anzuschließen und gut ansteuerbar.

Schiebe die Zeilenkamera zunächst von oben so in den Halter ein, wie auf der Abbildung dargestellt. Mithilfe der seitlich am Kamerahalter angebrachten weißen Achsen lässt sich der Sensor so fixieren, dass diese keinerlei »Spiel« mehr im Halter hat und fest in diesem sitzt. Jetzt musst du nur noch das USB-Kabel einstecken.

Laser-Hack 13: Deckel für das Spektrometer bauen

Abbildung 38:
Foto des fertig aus LEGO®-Bausteinen zusammengebauten Deckels für das Spektrometer.

Damit das Czerny-Turner Spektrometer bestmögliche Messdaten liefert, wird ein lichtdichter Deckel benötigt. Ich habe den Deckel so konstruiert, dass er bündig mit den Seitenwänden abschließt und nahezu kein Störlicht in das Spektrometer eindringen kann.

In der folgenden Liste sind alle LEGO®-Bausteine zu finden, die für den Bau des Deckels benötigt werden.

Anzahl	Bausteinname	Art.-Nr.	Farbe
8	Plate 2 x 12	2445	Dark Bluish Grey
2	Plate 2 x 2	3021	Dark Bluish Grey
57	Plate 6 x 12	3028	Dark Bluish Grey
2	Plate 2 x 6	3032	Dark Bluish Grey
6	Plate 4 x 8	3035	Dark Bluish Grey
3	Plate 1 x 8	3460	Dark Bluish Grey
2	Plate 1 x 3	3623	Dark Bluish Grey
5	Plate 1 x 6	3666	Dark Bluish Grey
2	Plate 1 x 4	3710	Dark Bluish Grey
3	Plate 2 x 6	3795	Dark Bluish Grey
1	Plate 6 x 6	3958	Dark Bluish Grey
18	Tile 1 x 8	4162	Dark Bluish Grey

Deckel für das Spektrometer bauen

Anzahl	Bausteinname	Art.-Nr.	Farbe
1	Plate 1 x 10	4477	Dark Bluish Grey
11	Plate 1 x 12	60479	Dark Bluish Grey
2	Tile 1 x 3	63864	Dark Bluish Grey
3	Tile 1 x 6	6636	Dark Bluish Grey

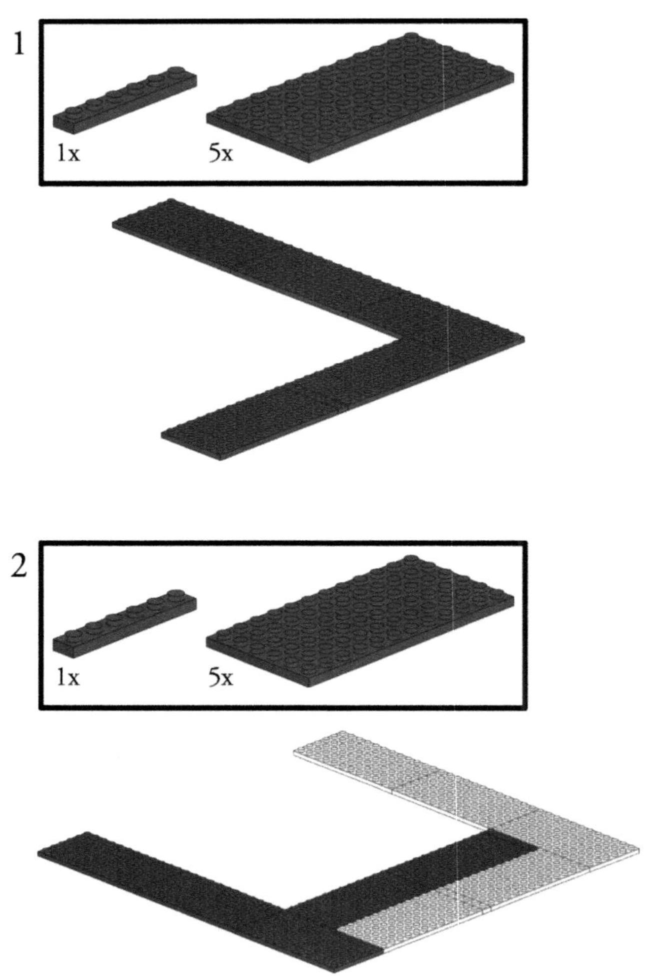

3

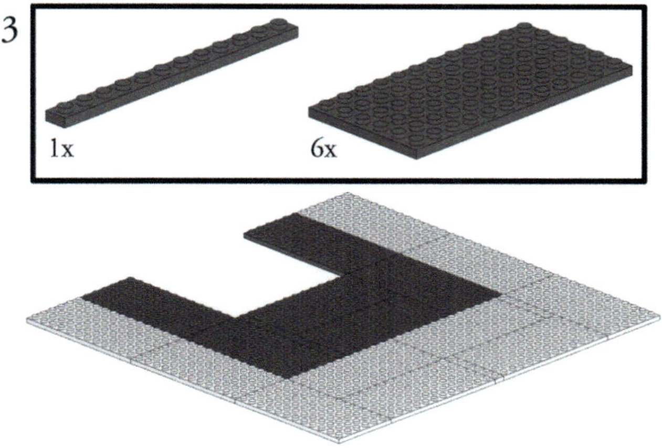

4

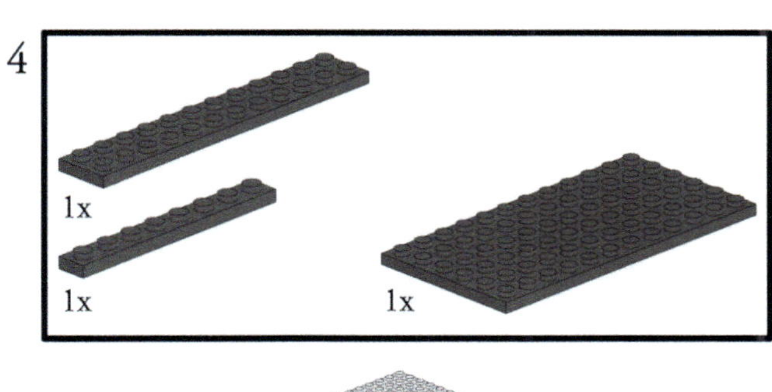

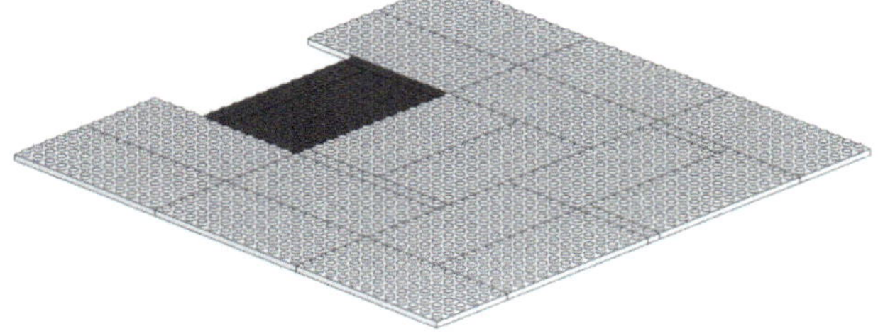

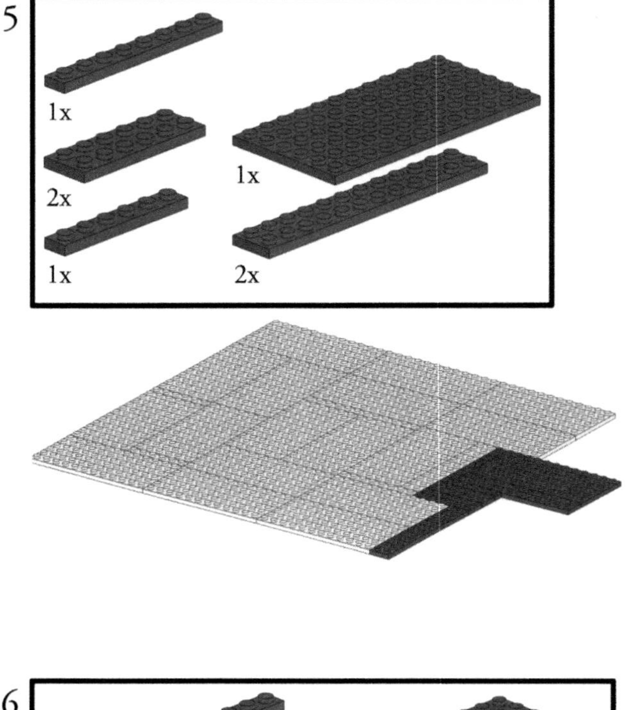
5
1x
2x
1x
1x
1x
2x

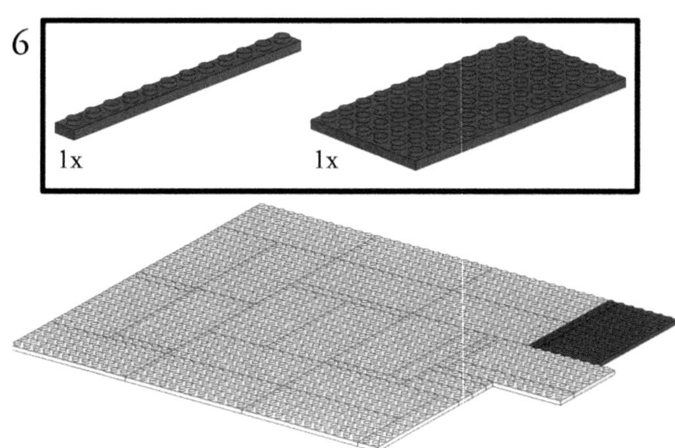
6
1x
1x

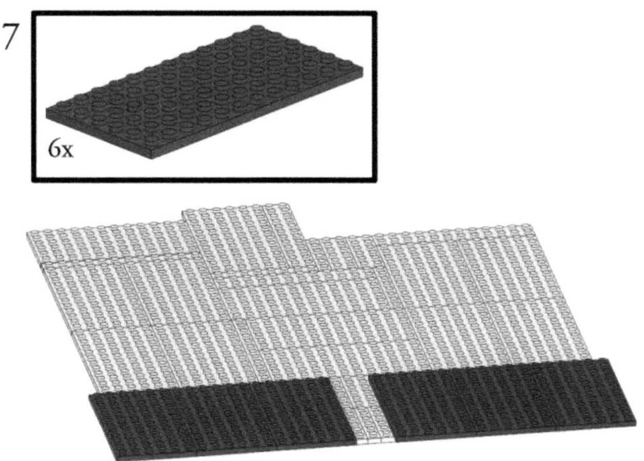
7
6x

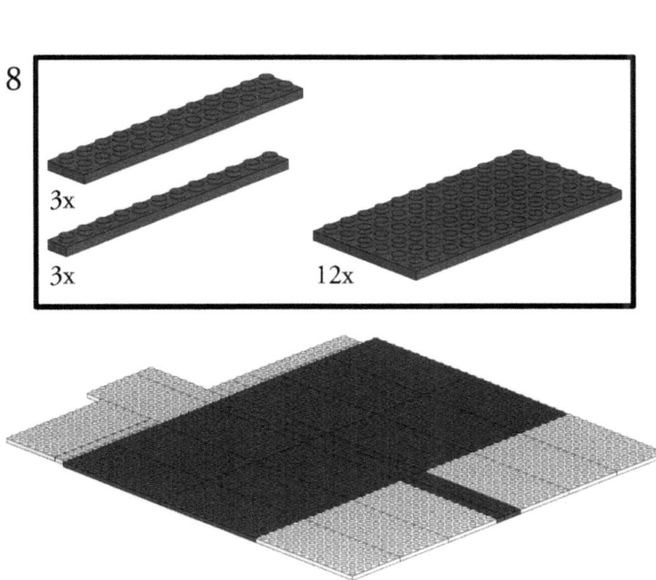
8
3x
3x
12x

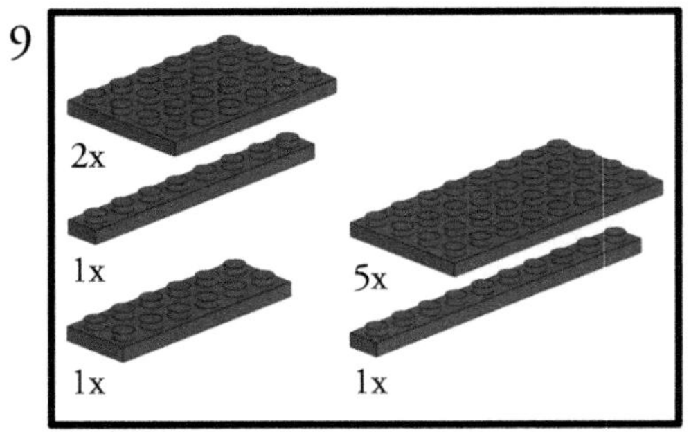

9
2x
1x
5x
1x
1x

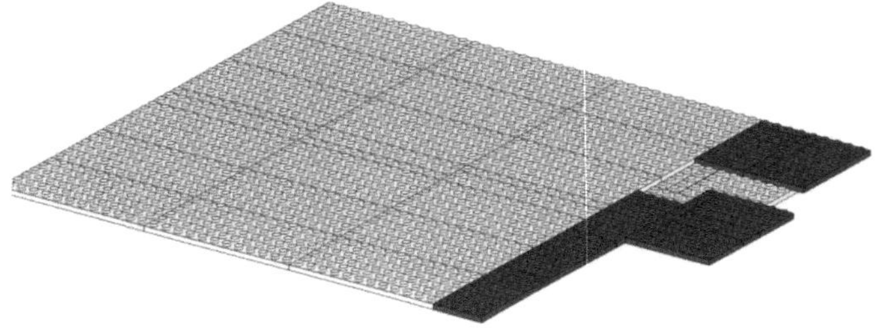

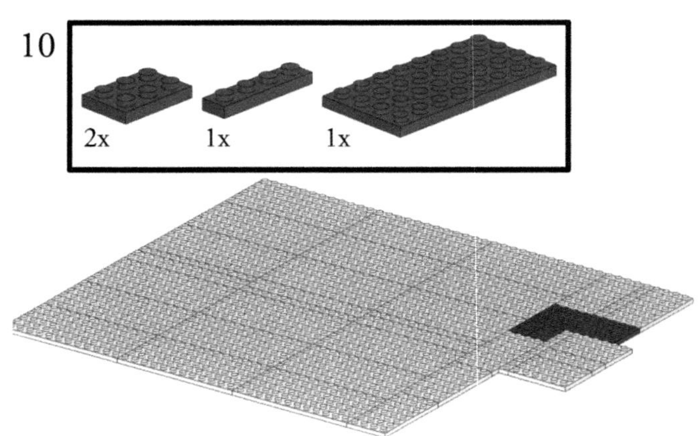

10
2x
1x
1x

11

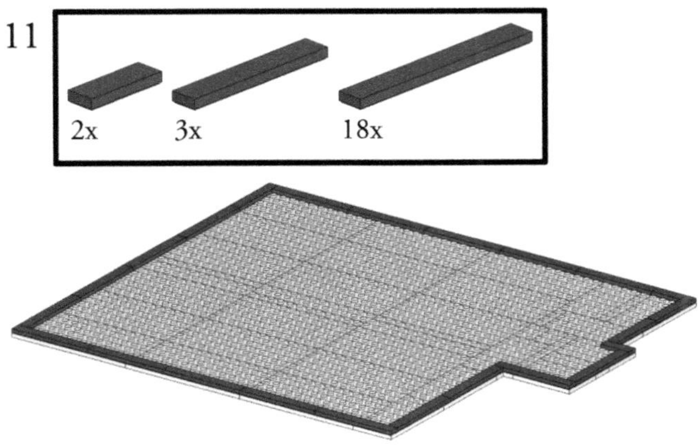

12

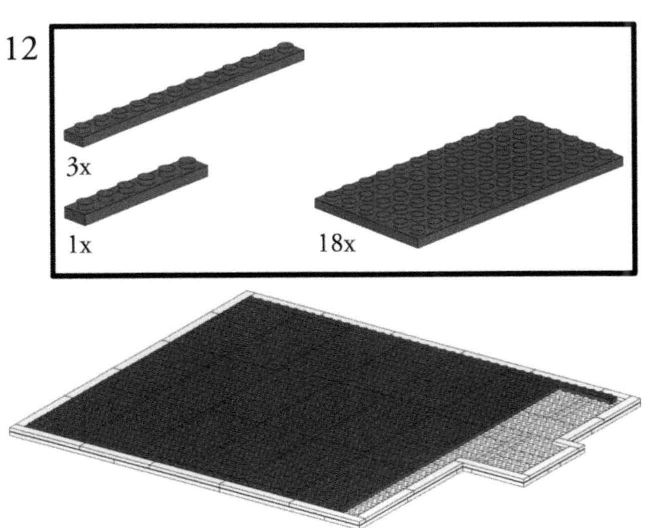

Wird das Spektrometer die ersten Male mit dem Deckel verschlossen, so kann es sein, dass sich der Deckel etwas schwieriger auf dem Spektrometer einpassen lässt. Um den Deckel fest auf dem Spektrometer anzubringen ist es empfehlenswert, den Deckel an allen Ecken mit moderater Kraft ins Spektrometer zu drücken.

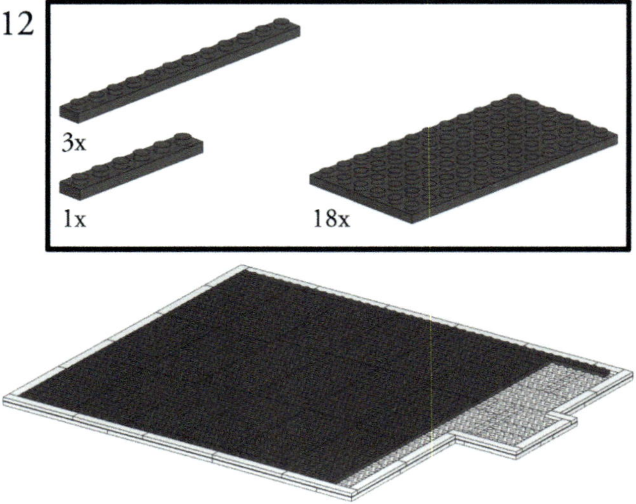

Abbildung 39:
Foto des fertig aufgebauten Czerny-Turner Spektrometers mit lichtdichtem Deckel.

Laser-Hack 14: Einbau der USB-Zeilenkamera

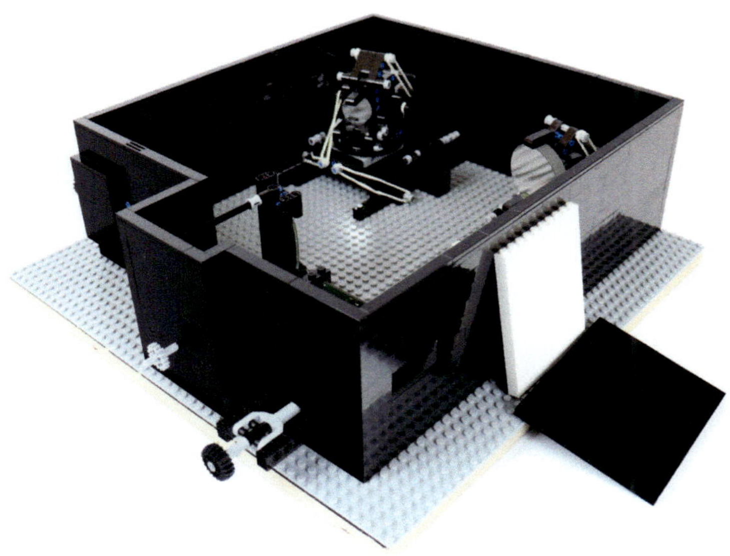

Abbildung 40:
Foto des Czerny-Turner Spektrometers mit eingebauter USB-Zeilenkamera.

In diesem Laser-Hack wird die USB-Zeilenkamera eingebaut und gegen den Beobachtungsschirm ausgetauscht. Beginne dabei mit dem Ausbau des weißen Beobachtungsschirm und lege diesen beiseite. Als nächstes demontierst du die graue Hilfsplatte des Halters der Zeilenkamera (vgl. Laser-Hack 12). Da dieser eine eigene Seitenwand mit der Durchführung der Justageschraube besitzt, musst du jetzt Seitenwand Nummer 4 des Gehäuses entfernen. Schau dir dazu noch einmal die Aufbauskizze in Laser-Hack 10 an, damit du die richtige Seitenwand findest. Der Austausch selbst geht dann ganz einfach: Du entfernst die obersten Fliesensteine, die die Seitenwand 4 mit dem Rest des Gehäuses zur Stabilisierung verbinden und kannst anschließend die Wand herausnehmen. Dann setzt du die Halterung für die USB-Zeilenkamera mit der neuen Seitenwand in die Lücke ein. Letztlich müssen die Fliesen wieder auf der Oberkante angebracht werden, damit der Halter fest im Gehäuse sitzt.

Nach dem Einbau der USB-Zeilenkamera ist die Position des CCD-

Sensors in Bezug auf die Brennweite des Fokussierspiegels möglichst präzise einzujustieren. Ziel ist es, dass das spektral aufgefächerte Licht möglichst scharf auf der CCD abgebildet wird. Zur Justage verwendest du die Justierschraube des Halters der USB-Zeilenkamera, mit der die Halterung entlang der Lichtstrahlen in Richtung des Hohlspiegels verfahren werden kann.

Abbildung 41: *Foto des spektral aufgefächerten Lichtflecks auf dem CCD-Sensor. Die Zeile ist vollständig ausgeleuchtet und erfasst das Spektrum vom blauen bis in den roten Farbbereich.*

Für die Justage muss die LED Lichtquelle eingeschaltet sein und der restliche Strahlenweg justiert sein. Da du am Spektrometergehäuse gearbeitet hast, kann es sein, dass die Justage des Kollimatorspiegels und des Gitters verstellt ist. Wiederhole daher am besten zuerst die Justageschritte 1-5 aus Laser-Hack 11. Jetzt kannst du mit dem Stück Papier den Strahlenverlauf vom Fokussierspiegel auf die CCD-Zeilenkamera verfolgen und gegebenenfalls die Verkippung des Konkavspiegels nachjustieren. Der CCD-Sensor sollte möglichst vollständig ausgeleuchtet sein. Zuletzt prüfst du die Bildschärfe am Ort des Sensors mit dem Blatt Papier; wie zuvor kannst du die Schärfe durch Verkleinerung der Breite des Eintrittsspalts vergrößern.

Laser-Hack 15: USB-Zeilenkamera einrichten

Abbildung 42:
Foto der USB-Zeilenkamera.

Die USB-Zeilenkamera ist das Herzstück für die automatisierte Messdatenaufnahme des Spektrometers. Sie sorgt dafür, dass die Lichtintensität des in seine Farben aufgefächerten Lichts als Funktion der Lichtwellenlänge gemessen werden kann. Die USB-Zeilenkamera besteht aus zwei übereinandergestapelten Platinen. Die untere Platine ermöglicht die Ansteuerung per USB, während die obere Platine die Elektronik für den lichtempfindlichen Sensor und den Sensor selbst umfasst. Der lichtempfindliche Sensor ist das Bauelement mit dem schwarzen Rahmen und einem Fenster. Im Inneren kannst du einen silbernen Steifen mit einer Länge von ungefähr 29 mm sehen, der aus insgesamt 3.648 nebeneinander in einer Zeile angeordneten Fotodioden besteht. Jede einzelne Fotodiode stellt einen Pixel der Kamerazeile dar, hat eine Abmessung von nur 8 µm Breite und 200 µm Höhe und ermöglicht die Messung der Lichtintensität. Die Elektronik der oberen Platine sorgt dafür, dass die Intensität der Pixel in sogenannte »Counts«, also digitale Zahlenwerte zwischen 0 (dunkel, kein Licht) und 65.536 (sehr hell, viel Licht) ausgegeben wird. Wird diese Zeile also anstelle des Beobachtungsschirms in den farblich aufgefächerten Lichtfleck gebracht, erhält man einen Datensatz aus 3.648 Intensitätswerten mit der zugehörigen Pixelnummer. Beachte, dass die Kamerazeile damit nicht die Intensität als Funktion der Farbe, sondern als Funktion der Pixelnummer, also des Orts, misst.

Damit die Intenstität als Funktion der Farbe bestimmt werden kann, ist eine Kalibration erforderlich. Wie das geht zeige ich dir in Laser-Hack 17.

Bei der USB-Zeilenkamera handelt es sich um einen CCD-Sensor (»Charged Coupled Device«). Die Wandlung von Lichtintensität in ein elektrisches Signal basiert auf dem ‚inneren fotoelektrischen Effekt': Hierbei treffen Lichtteilchen (Photonen) auf ein Halbleitermaterial, sodass Elektronen aus dem Valenz– ins Leitungsband angeregt werden und genau so viele Löcher zurückbleiben. Die Zahl der erzeugten Elektron-Loch-Paare ist dabei proportional zur einfallenden Lichtintensität. Durch Anlegen einer Spannung kann eine Sorte der Ladungsträger an Ort und Stelle festgehalten werden.

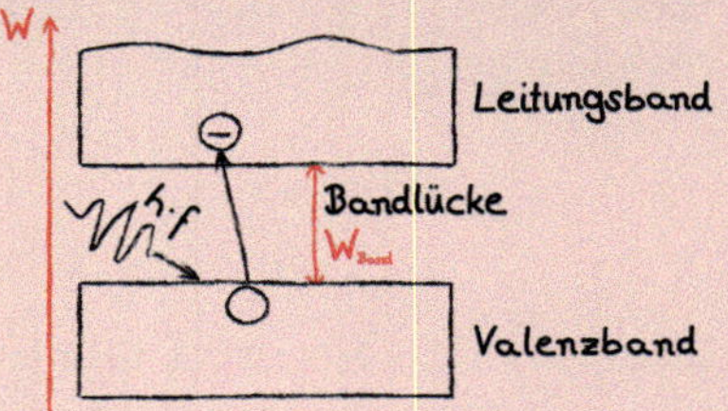

Bei der CCD-Sensorzeile ist der Halbleiter in viele, nebeneinander liegende Pixel unterteilt. Dadurch lässt sich eine räumliche Verteilung der Lichtintensität in eine räumliche Verteilung der Ladungsmenge übertragen. Jeder Pixel entspricht dabei einer Ortskoordinate, die aufgrund der Pixelgeometrie genauestens bekannt ist. Für das Auslesen wird die Spannung so moduliert, dass die gesammelten Ladungsmengen von Pixel zu Pixel weitertransportiert werden und an einem Ende der Zeile nacheinander – seriell – ausgelesen werden.

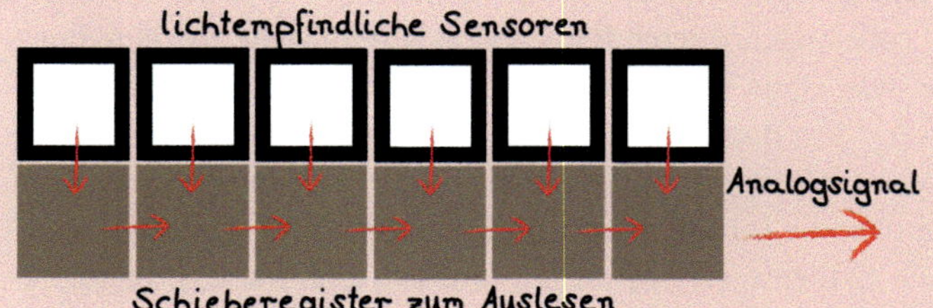

Hieraus ergeben sich Besonderheiten des CCD: Wird beispielsweise die Zeit, in der Ladungsträger gesammelt werden (Integrationszeit), erhöht, können sehr kleine Lichtintensitäten gemessen werden. Zugleich erhöht sich dadurch aber auch die Auslesezeit des gesamten CCD-Sensors (Bildwiederholrate) – es können also weniger Spektren pro Zeit gemessen werden.

Die USB-Zeilenkamera kann mit einem handelsübliches Micro-USB-Kabel mit einem Computer verbunden werden. Hierüber wird sie mit Strom versorgt, kann angesteuert werden und es können Messdaten an den Rechner übertragen werden. Für die Ansteuerung benötigst du einen Computer mit Windows 10 als Betriebssystem. Die Software zur Ansteuerung der Zeilenkamera wird vom Hersteller mitgeliefert und muss zuerst auf dem Computer installiert werden. Sie ist sehr umfangreich und bietet vielfältige Einstellungsmöglichkeiten. So kannst du beispielsweise Messdaten deines Spektrometers live visualisieren oder zur weiteren Auswertung in andere Dateiformate exportieren. Im Folgenden beschränke ich mich darauf, dir die wichtigsten Einstellungen für die Erstinbetriebnahme deines Spektrometers zu erklären. Am besten gehst du systematisch entlang der folgenden Themen vor:

Eine umfangreichere Erklärung der Einstellungsmöglichkeiten, sowie der Software selbst (*PMOD_gtk-gui.exe*) findest du auf der Seite des Herstellers: service.eureca.de/PMOD/standard/index.php

Benutzeroberfläche

Nachdem du die CCD mit deinem Computer verbunden hast, lädst du die Datei *EURECA_PMOD_GTK.zip* von der Seite des Herstellers herunter und entpackst diese, wie in der Anleitung beschrieben. Nachdem du sie gestartet hast solltest du folgende Benutzeroberfläche sehen können.

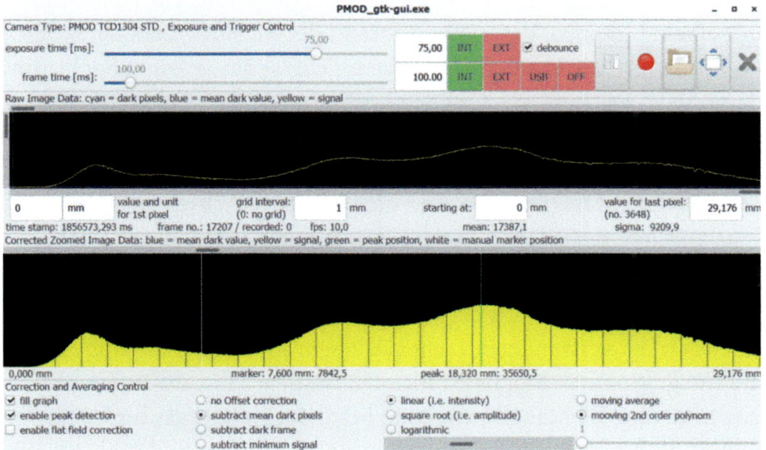

Abbildung 43:
Foto der Benutzeroberfläche der Hersteller-Software für die USB-Zeilenkamera.

Solltest du Probleme mit der Verbindung der CCD und deinem PC haben, solltest du den Hardwaretreiber von der Herstellerwebsite manuell installieren.

Messparameter einstellen

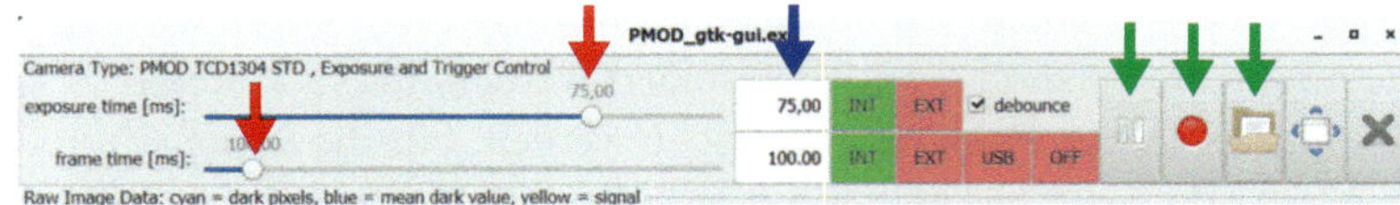

Die Oberfläche zeigt im oberen Bereich ein Bedienpanel, in dem du auf der linken Seite die zentralen Kamerawerte, die Integrationszeit pro Pixel (exposure time) und die Bildwiederholzeit bezogen auf die gesamte Zeile (frame time) einstellen kannst. Beide Parameter lassen sich sowohl mithilfe der Schieberegler (rote Pfeile), als auch durch das Eingabefeld (blauer Pfeil) auf den gewünschten Wert einstellen. Im rechten Bereich findest du Pause– und Start-Buttons für die Aufnahme der Messung sowie ein Dateimenü für das Abspeichern von Datensätzen (grüne Pfeile, von links nach rechts).

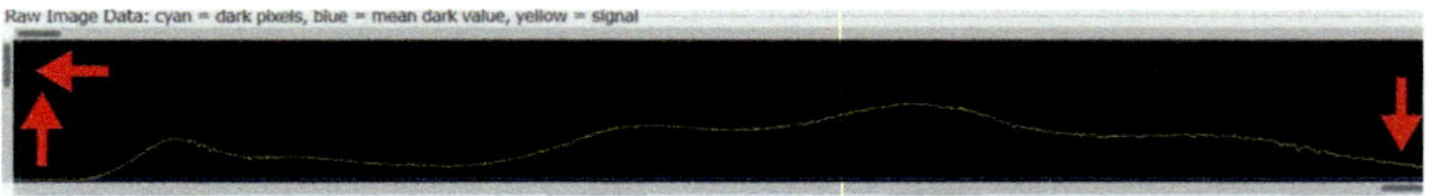

In den schwarz hinterlegten Feldern siehst du jeweils ein Diagramm mit einem Graphen, der später während der Messung dein detektiertes Spektrum repräsentiert. Im oberen Feld ist das gesamte Spektrum dargestellt, welches die CCD detektiert. Im unteren Feld lässt sich ein Ausschnitt des Gesamtspektrums darstellen. Den dargestellten Ausschnitt kannst du mit drei Reglern (rot markierte Pfeile) anpassen. In beiden Diagrammen sind die Counts (y-Achse) gegen die Pixelnummer der CCD (x-Achse) aufgetragen.

Ist der eingestellte Wert der Integrationszeit zu hoch, so läuft das Signal in die Sättigung und du kannst kein Spektrum mehr sehen.

Der wichtigste Parameter bei einer Messung ist die Integrationszeit, die du abhängig von der Lichtintensität einstellen musst. Ist die Intensität der verwendeten Lichtquelle sehr groß, so empfiehlt es sich die Integrationszeit möglichst klein zu wählen. Hast du im Gegensatz dazu eine Lichtquelle mit einer besonders niedrigen Intensität, solltest du die Integrationszeit so lange erhöhen, bis du das Spektrum der Lichtquelle vernünftig im Diagramm der CCD-Software sehen kannst. Für die in Laser-Hack 15 beschriebene erweiterte Justage sollte der voreingestellte Wert von 10 Millisekunden gut passen.

Messwerte abspeichern

Hinter dem Ordnersymbol versteckt sich eine Vielzahl an weiteren Einstellmöglichkeiten. Hier befindet sich vor allem die Möglichkeit die aktuellen Messdaten abzuspeichern, indem du den *»save single csv«* Button betätigst. Hierbei kannst du den Dateinamen und die Dateiendung frei wählen. Für die Weiterverwendung in anderen Softwarepaketen, wie beispielsweise in Microsoft Excel, ist das von Vorteil.

Als Dateiendung kannst du z.B. *.csv* oder *.txt* wählen. Ich verwende am liebsten die *.txt* Dateiendung.

	A	B	C	D	E	
1	pixel no	mm	pixel val	dark frame	flat field	corre
2	-13	-1.000	690	0.000	0.000	
3	-12	-1.000	722	0.000	0.000	
4	-11	-1.000	690	0.000	0.000	
5	-10	-1.000	706	0.000	0.000	
6	-9	100.000	690	0.000	0.000	
7	-8	1.000	722	0.000	0.000	
8	-7	1.000	722	0.000	0.000	
9	-6	50.000	754	0.000	0.000	
10	-5	0.000	770	0.000	0.000	
11	-4	100.000	770	0.000	0.000	
12	-3	0.000	754	0.000	0.000	
13	-2	0.000	770	0.000	0.000	
14	-1	1.000	738	0.000	0.000	
15	0	0.000	786	0.000	65.535.000	
16	1	0.008	802	0.000	65.535.000	
17	2	0.016	818	0.000	65.535.000	
18	3	0.024	850	0.000	65.535.000	1
19	4	0.032	818	0.000	65.535.000	
20	5	0.040	770	0.000	65.535.000	
21	6	0.048	770	0.000	65.535.000	
22	7	0.056	754	0.000	65.535.000	

Abbildung 44:
Foto des Dateiformats der abgespeicherten Daten der USB-Zeilenkamera. Von Interesse für die Messdatenaufnahme sind zunächst die Werte der Spalten A (Pixelnummer) und C (counts).

Die mittels der Software abgespeicherten Messdaten Dateien weisen sieben Spalten mit Messdaten auf. Von diesen sieben Spalten ist jedoch zunächst nur die erste und die dritte Spalte von Interesse. In der ersten Spalte ist die Pixelnummer (*pixel no*) der CCD-Sensorzeile dargestellt, während in der dritten Spalte die gemessenen Counts (*pixel val*) angegeben werden.

Beachte, dass die ersten dreizehn Pixelnummern (-13 bis -1) in den Messdaten keine verwendbaren Daten enthalten.

Um ein Gefühl für die Handhabung mit der CCD, der Ansteuerung durch die Software und das Exportieren der Messdaten zu bekommen, bietet es sich an, zunächst ein bisschen mit den Einstellungsmöglichkeiten und den Messdaten herumzuexperimentieren.

Probier's am besten direkt aus!

Dunkelspektrum aufnehmen

Je heller die Umgebung des Spektrometers ist und je größer die Integrationszeit gewählt wird, desto größer wird das Hintergrundrauschen.

Um bei deinen späteren Experimenten möglichst genaue und unverfälschte Ergebnisse zu erhalten, solltest du das Hintergrundrauschen (»*noise*«) des Sensors vom Messsignal abziehen. Das Hintergrundrauschen wird dabei sowohl vom Umgebungslicht des Spektrometers, als auch von den Einstellungen der Integrationszeit stark beeinflusst. Um dieses Hintergrundrauschen von deinem Messdaten abzuziehen, musst du zunächst ein sogenanntes Dunkelspektrum aufnehmen. Das Dunkelspektrum bezeichnet die Messwerte der USB-Zeilenkamera für den Fall, dass kein Licht der LED-Lichtquelle durch den Spalt in das Spektrometer eindringt.

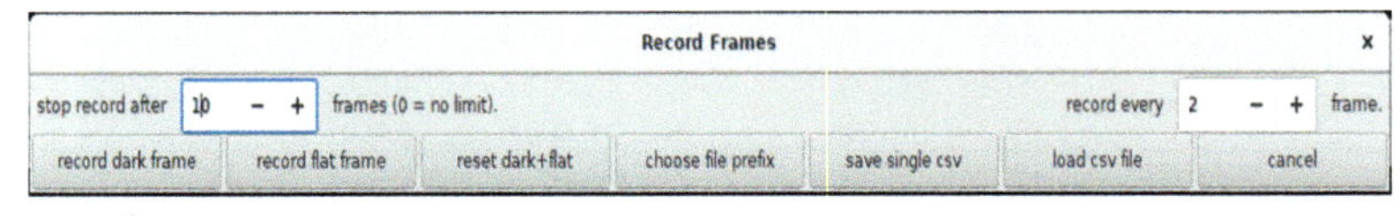

Abbildung 45: *Foto des Untermenüs »Ordner« mit dem Menüpunkt zur Aufzeichnung des Dunkelspektrums (roter Pfeil).*

Mithilfe der CCD-Software lässt sich das Dunkelspektrum aufnehmen und automatisch von den Messdaten abziehen. Die Aufnahme des Dunkelspektrums erfolgt, indem du auf das Ordnersymbol in der CCD-Software klickst und den Unterpunkt »*record dark frame*« auswählst. Für diese Messung musst du die LED Lichtquelle ausschalten und möglichst den kompletten Raum abdunkeln, in dem du das Spektrometer aufgebaut hast. Achte darauf, dass du nach der Aufnahme des Dunkelspektrums keine Änderungen mehr an der Raumausleuchtung vornimmst. Das Dunkelspektrum wird in der Software hinterlegt und lässt sich anschließend von den Messdaten abziehen, indem du die Einstellung »*substract dark frame*« auswählst.

Die Einstellung *substract dark frame* findest du unter dem unteren Diagramm.

Sowohl das Dunkelspektrum, als auch das um das Dunkelspektrum korrigierte Messsignal werden in der Messdatendatei hinterlegt. Die Werte des Dunkelspektrums werden in der Datei der Messergebnisse in Spalte vier hinterlegt, während du die korrigierten Messdaten in Spalte sechs findest.

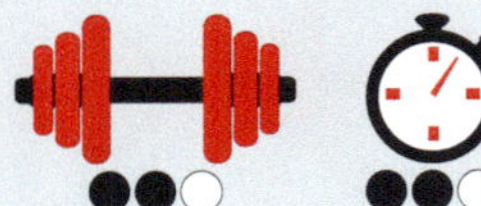

Fehlerquellen

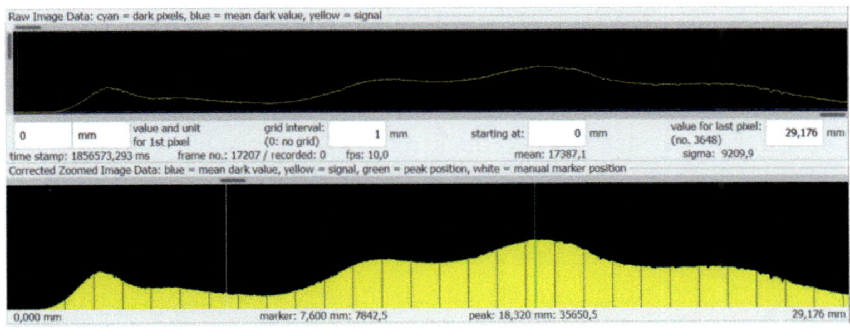

Abbildung 46: *Spektrum einer kaltweißen LED, aufgenommen mit dem justierten Spektrometer.*

Sollte in der CCD-Software im unteren oder oberen Anzeigebereich bereits ein Spektrum zu sehen sein, welches dem obigen Spektrum entspricht oder stark ähnelt, kannst du die folgenden Seiten überspringen und direkt mit Hack 16 loslegen. Sollte das Spektrum stark abweichen, können die folgenden Tipps helfen, das zu gemessene bzw. zu messende Spektrum zu optimieren. Bevor mit der Fehlerbehebung begonnen werden kann, sollte darauf geachtet werden, dass die Batterien voll aufgeladen sind.

Mit schwacher Batteriespannung verändert sich sowohl die Leistung als auch die Lage der charakteristischen Peaks der LED Lichtquelle. Es sollte darauf geachtet werden, dass die Batterien immer voll geladen sind, sobald mit dem Spektrometer gearbeitet wird. Obwohl die LED auch bei sinkenden Batteriespannungen noch Licht aussendet, sinkt nicht nur die Intensität des Lichts, sondern es findet vor allem eine Verschiebung des LED-Spektrums statt. Insbesondere bei länger andauernden Messungen kann es passieren, dass sich das LED-Spektrum während der Messung verschiebt und somit die Messdaten verfälscht.

Diesem Problem kann ebenfalls entgegengewirkt werden, wenn anstelle der Batterie eine Konstantstromquelle (bspw. 9 V Netzgerät) zum Betrieb der LED verwendet wird. Diese Konstantstromquelle sorgt dafür, dass die LED immer dieselbe Versorgungsspannung erhält und somit nicht in der Intensität schwankt.

Tipp 1: Die richtige Spaltbreite ist das A und O

Es sind Messsignale in der CCD-Software zu sehen, diese sehen aber sehr breit oder unstrukturiert aus?

Die Qualität der detektierten Spektren hängt sehr stark mit der Öffnungsweite des Eintrittsspalts des Spektrometers zusammen. Ein weit geöffneter Spalt hilft bei der Justierung des Spektrometers mit viel Licht, sorgt bei den späteren Messungen jedoch dafür, dass die Spektren sehr breit und damit verschmiert werden. Reduziere die Breite des Eintrittsspalts sukzessive und beobachte dabei das Spektrum. Mit zunehmend kleiner werdender Spaltöffnung sollte das Spektrum ausgeprägtere Strukturen zeigen. Gleichzeitig verringert sich die Intensität des Spektrums. Gegebenenfalls musst du die Belichtungszeit *(»exposure time«)* erhöhen. Achte auch auf die richtige Skalierung der y-Achse in den live-Spektren.

Tipp 2: Die richtigen Einstellungen der optischen Komponenten sind unabdingbar.

Das Spektrum in der CCD-Software wird rechts oder links abrupt abgeschnitten oder ist gar nicht zu sehen?

Im abgedunkelten Zustand sollte bei geöffnetem Spektrometer das spektral zerteilte Licht direkt auf den Sensor der CCD fallen und gut von links bis rechts sichtbar sein. Sollte dies nicht der Fall sein, sollten nochmal die Schritte 2 bis 6 der Justageanleitung nachverfolgt werden. Fällt das Licht vom Spalt auf den ersten Spiegel und von diesem weiter über das Gitter auf den zweiten Spiegel und dann auf die CCD? Sollte dies nicht der Fall oder nur zum Teil erfüllt sein, kann dies dazu führen, dass keine oder stark abgeschnittene Messdaten dargestellt werden. Beachte: Die Justage muss immer vom Eintrittsspalt an und in der vorgegebenen Reihenfolge durchgeführt werden.

Tipp 3: Die Verwendung des Maximums 1. Ordnung verbessert die Messergebnisse erheblich.

Das Spektrum ist kaum zu sehen oder ragt links und rechts über die CCD hinaus oder es ist gar kein spektral zerlegtes Licht auf der CCD zu sehen?

Kontrolliere, ob du wirklich das Beugungsmaximum 1. Ordnung auf den Fokussierspiegel reflektierst. Solltest du versehentlich das Beugungsmaximum 0. Ordnung (=direkt reflektierter Lichtstrahl) verwenden, so kannst du keine spektrale Zerlegung des Lichts auf dem CCD-Sensor beobachten. Verwendest du versehentlich das Beugungsmaximum 2. Ordnung, so ist zwar eine spektrale Zerlegung sichtbar – allerdings ist die Lichtintensität dieser Beugungsordnung signifikant kleiner, sodass nur wenige Counts auf dem live-Spektrum dargestellt werden. Zudem verteilt sich das Spektrum der 2. Beugungsordnung über einen größeren Winkelbereich, sodass du nicht mehr das gesamte Spektrum auf den CCD-Sensor abbilden kannst. In beiden Fällen (0te oder 2te Beugungsordnung) sind die Justageschritte ab dem CD-Reflexionsgitter zu wiederholen.

Schaue hier am besten noch mal bei Laser-Hack 11 vorbei.

Laser-Hack 16: Energiesparlampe vermessen

Jetzt hast du es endlich geschafft! Du hast alle Komponenten sowie das Spektrometer selbst aufgebaut und justiert. Nun können wir endlich beginnen Atomspektren zu vermessen.

Ich verwende hier am liebsten eine OSRAM DULUX® TWIST 23 W, welche ich bei www.amazon.de gekauft habe.

Um Atomspektren zu messen benötigst du neben dem an einen Computer angeschlossenen Spektrometer nur eine Leuchtstofflampe. Ich empfehle dir die Verwendung einer Kompaktleuchtstofflampe, da diese sich besonders leicht vor dem Spalt des Spektrometers platzieren lassen. Außerdem haben diese eine sogenannte E27 Fassung, die du in jede herkömmliche Schreibtischlampe hineinschrauben kannst.

Achtung!

Leuchtstofflampen enthalten elementares Quecksilber, welches schon in geringen Konzentration sehr giftig ist. Sollte dir die Lampe kaputt gehen solltest du den Raum sofort verlassen und anschließend der Reinigungsanleitung der OSRAM Group nach deinen häuslichen Gegebenheiten folgen.
Die Anleitung ist unter folgendem Link verfügbar:
https://www.osram-group.de/de-de/sustainability/environmental/sustainability-criteria/mercury/handling-broken-lamps

Bevor du mit der Messung von Atomspektren beginnen kannst, musst du die LED-Lichtquelle entfernen und stattdessen die Energiesparlampe möglichst mittig vor dem Spalt platzieren. Die unten stehende Skizze zeigt dir den Versuchsaufbau.

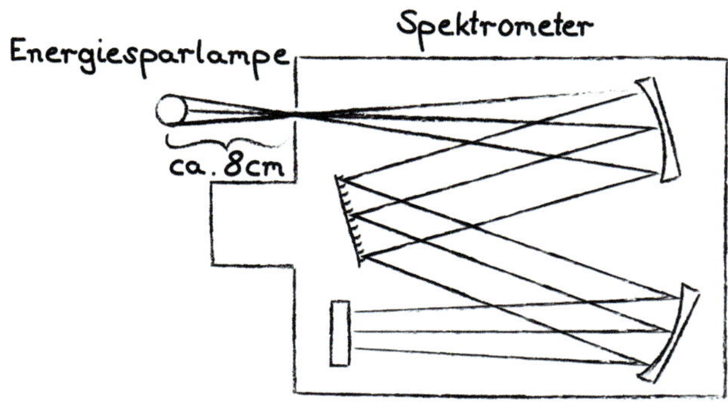

Abbildung 47: *Schematische Skizze zur Positionierung der Energiesparlampe vor dem Eintrittsspalt des Spektrometers.*

Damit kein Streulicht deiner Umgebung die Messung stört, musst du den Deckel des Spektrometers schließen. Achte zusätzlich darauf, dass der Raum, in dem du das Experiment durchführst, möglichst dunkel ist.

Am leichtesten geht die Messung von der Hand, wenn du den folgenden Schritten möglichst genau folgst:

- Nimm die USB-Zeilenkamera mithilfe der zugehörigen Software in Betrieb.
- Schalte die Energiesparlampe ein.

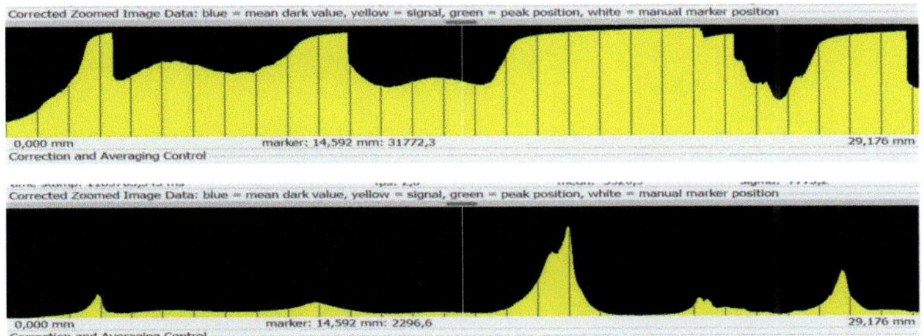

Abbildung 48: *Screenshot aus der Kamera-Software. Oben: übersteuertes Signal, Unten: sehr gut eingestelltes Signal.*

- Stelle die Belichtungszeit so ein, dass dein Signal nicht übersteuert.
- Schalte die Energiesparlampe wieder aus.
- Nimm ein Dunkelspektrum auf und speichere es ab.
- Lade das Dunkelspektrum und aktiviere die Korrektur im live-Spektrum.
- Schalte die Energiesparlampe wieder ein.

Ein Dunkelspektrum sollte bei jeder Messung nach der Justage der Belichtungszeit neu aufgenommen werden.

Wenn du alles richtig durchgeführt hast, siehst du jetzt das Emissionsspektrum der Energiesparlampe auf deinem Computer, wie in der Abbildung gezeigt. Wenn du möchtest, kannst du nun das Spektrum speichern und beispielsweise mit MS Excel öffnen und weiter verarbeiten. Selbstverständlich kannst du nun auch verschiedenste andere Lichtquellen vermessen und die Spektren vergleichen.

Das Spektrum, das du von der Energiesparlampe aufgenommen hast, wird in der Wissenschaft als Emissionsspektrum bezeichnet. Der Zusatz Emission wird aufgrund der physikalischen Vorgänge in der Lampe hinzugefügt. Kurz gesagt ist ein Emissionsspektrum das elektromagnetische Spektrum, das ein Atom, Molekül oder ein Material abstrahlt, sobald diesem Energie hinzugefügt wird (z.B. elektrische Energie).

Es ist wichtig hier zwischen stimulierter Emission und Fluoreszenz zu unterscheiden. Mehr dazu findest zu z.B. im Buch »Halliday Physik« von D. Halliday (2018).

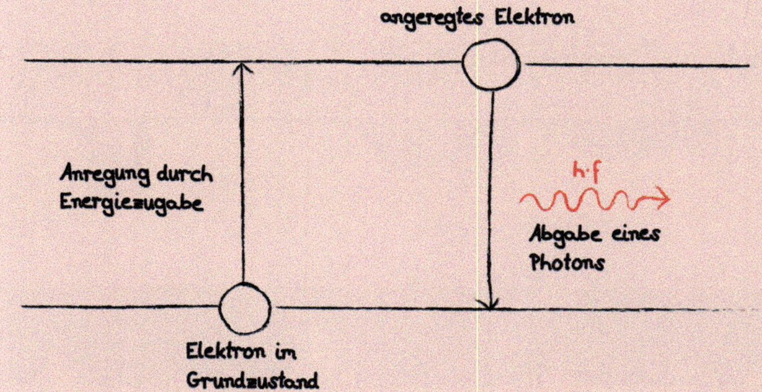

Die emittierte elektromagnetische Strahlung ist dabei für jedes Atom, Molekül oder Material immer gleich und eineindeutig.
Im Inneren der Energiesparlampe befinden sich kleine Mengen des Elements Quecksilber, das durch Anlegen einer ausreichend großen Spannung zur Emission elektromagnetischer Strahlung angeregt wird. Auf dem Glas, das das Quecksilber umgibt ist ein sogenannter Leuchtstoff aufgebracht, der dafür sorgt, dass das diskrete Quecksilberspektrum kontinuierlich wird. Trotz des verwendeten Leuchtstoffs lassen sich im Spektrum der Energiesparlampe immer noch die diskreten Atomspektren des Quecksilbers nachweisen. Dies ist besonders einfach, wenn man das Spektrum einer Quecksilberdampflampe mit dem der Energiesparlampe vergleicht. Die Peaks im Spektrum der Energiesparlampe, die sich nicht dem Quecksilberspektrum zuordnen lassen, werden durch den verwendeten Leuchtstoff hervorgerufen.

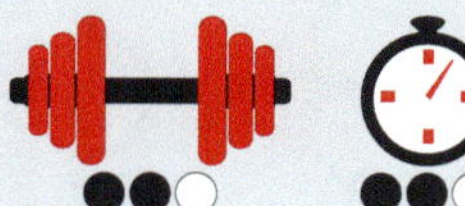

Spektrum der Energiesparlampe

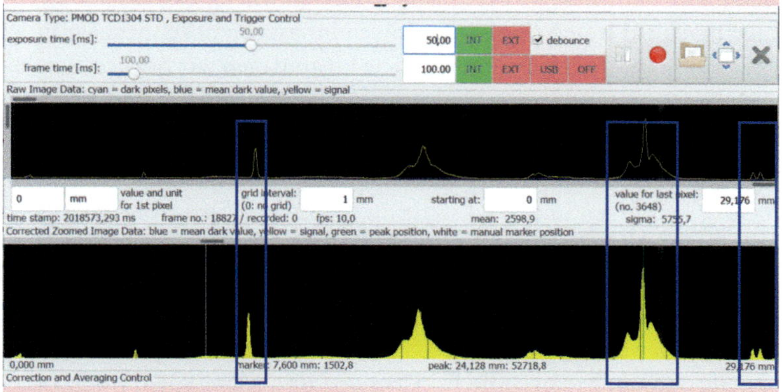

≈ 435 nm

≈ 546 nm

≈ 577 nm

≈ 579 nm

Emissionsspektrum einer Quecksilberdampflampe

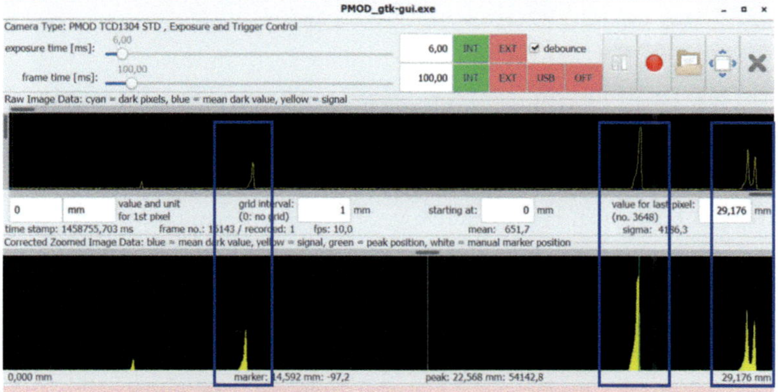

≈ 435 nm

≈ 546 nm

≈ 577 nm

≈ 579 nm

Hier kannst du einen Auszug des Quecksilberspektrums und einen Auszug des Spektrums der Energiesparlampe sehen. Markiert sind die definierten Quecksilberpeaks, welche in beiden Spektren eindeutig auszumachen sind. Durch den Leuchtstoff werden die Quecksilberpeaks der Energiesparlampe im Vergleich zum Ursprungsspektrum verbreitert.

Next-Level-Spektrometer

In diesem Buch hast du bereits zwei verschiedene Spektrometerausführungen für unterschiedliche Anwendungsgebiete kennengelernt. Dadurch hast du dir bereits sehr viele Grundlagen zur Spektroskopie angeeignet und weißt, wie Spektrometer gebaut, justiert und zielführend eingesetzt werden.

Im dritten Teil diese Buches zeige ich dir weitere spannende Experimente, Techniken und Tricks, die du mit deinen Spektrometeraufbauten durch kleine Änderungen einfach realisieren kannst. Dabei wirst du weitere Details zu den Komponenten des Spektrometers kennenlernen. Hierfür werden in einigen Experimenten weitere Materialien benötigt, die dir wie gewohnt zu Beginn der Kapitel vorgestellt werden. Ergänzende Erklärungen und Materialien findest du wie immer auf der Website zur Buchreihe. Hol dir so viele Anregungen, wie du möchtest und experimentiere weiter! Deiner Kreativität sind hier keine Grenzen gesetzt.

Laser-Hack 17: Wellenlängenkalibration durchführen

Ich habe für die Wellenlängenkalibration und die grafische Darstellung das Programm MatLab verwendet. Genau so gut sind jedoch auch MS Exel, OpenOffice Calc oder Python geeignet.

In allen bisherigen Hacks haben wir die Messergebnisse des Spektrometers entweder in der CCD-Software betrachtet oder exportiert und anschließend mit einem Tabellenkalkulationsprogramm dargestellt. Im Gegensatz zu der in der Wissenschaft üblichen Darstellungsweise wurden die Spektren bisher immer in Diagrammen dargestellt, in denen die Counts gegen die Pixel dargestellt wurden. Man spricht von einer sogenannten Pixelkalibration.

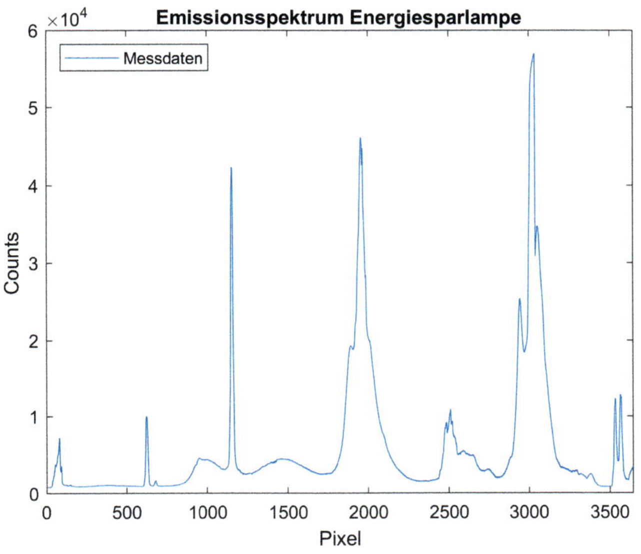

Abbildung 49:
Spektrum einer Energiesparlampe mit einer Pixelkalibration.

Da diese Pixelkalibration spezifisch für die verwendete CCD und die Justage des Spektrometers ist, ist es üblich für die Spektren eine sogenannte Wellenlängenkalibration durchzuführen. Ziel dieser Kalibration ist es, ein Spektrum zu erhalten, bei dem die Counts gegen die Wellenlänge aufgetragen sind. Diese Darstellung hat diverse Vorteile, wie z.B. die bessere Vergleichbarkeit verschiedener Spektren und vor allem der gesteigerte Informationsgehalt der Spektren.

Um die Wellenlängenkalibration durchführen zu können, musst du zunächst das Spektrum einer Lichtquelle aufnehmen, von der dir die Wellenlängen der Emissionslinien bekannt sind. Am besten eignen sich Lichtquellen mit besonders schmalen Peaks.

Hier eignet sich die Energiesparlampe aus Laser-Hack 16 besonders gut.

Nachdem du die Lichtquelle vermessen hast, speicherst du die Messdaten ab, öffnest diese in einem Tabellenkalkulationsprogramm deiner Wahl und stellst die Messwerte grafisch dar. Anschließend musst du dir zwei markante Stellen im Spektrum heraussuchen (z.B. definierte Peaks), von denen du die Wellenlänge kennst. Notiere dir sowohl die Pixelnummer des Peaks als auch die eigentliche Wellenlänge des Peaks.

Es empfiehlt sich zwei markante Stellen zu verwenden, die möglichst weit voneinander entfernt sind, jedoch nicht ganz im Randbereich der CCD liegen.

λ_1: Wellenlänge bei Peak 1 P_1: Pixelnummer bei Peak 1
λ_2: Wellenlänge bei Peak 2 P_2: Pixelnummer bei Peak 2
$\lambda(P)$: Wellenlänge bei Pixelnummer P

Anschließend setzt du diese Werte in die folgende Formel für die Wellenlängenkalibration ein und berechnest mithilfe dieser die neue x-Achse deines Diagramms.

Wenn du weitere Informationen zur Wellenlängenkalibration haben möchtest, schau doch mal auf der Website www.1000laserhacks.de vorbei.

$$\lambda(P) = \lambda_1 + (P - P_1) \cdot \left(\frac{\lambda_2 - \lambda_1}{P_2 - P_1}\right)$$

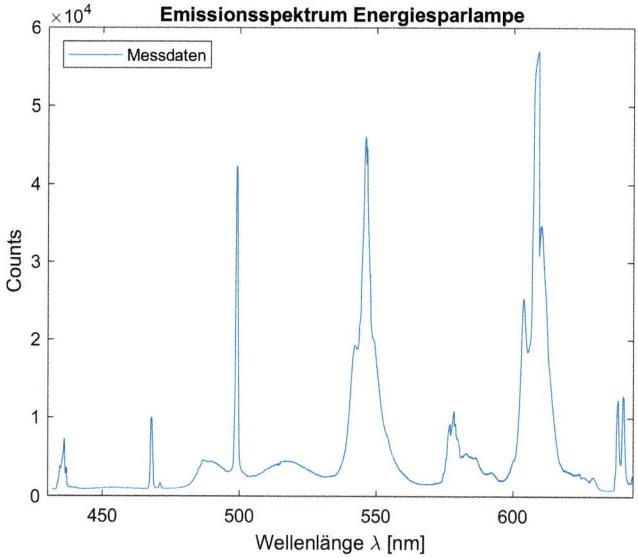

Abbildung 50: *Spektrum einer Energiesparlampe mit einer Wellenlängenkalibration.*

Laser-Hack 18: Absorption einer Sonnenbrille messen

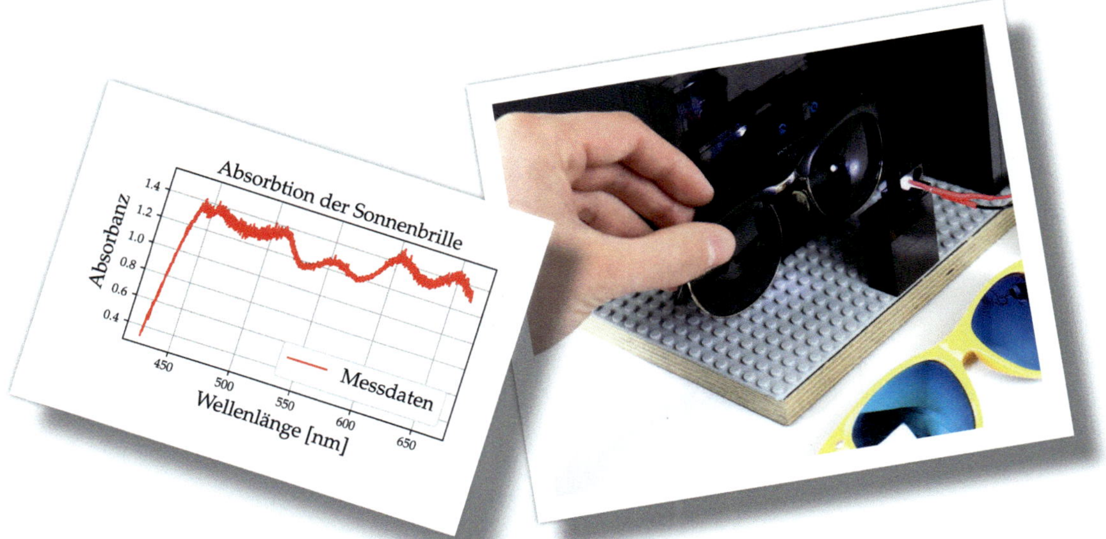

Abbildung 51: *Vermessung des Absorptionsverhaltens einer Sonnenbrille mit dem Czerny-Turner Spektrometer.*

Hast du dich mal gefragt, ob deine Sonnenbrille deine Augen gut schützt? Oder ob eine teure Sonnenbrille besser funktioniert als eine günstige? Sonnenbrillen sorgen nicht nur für Blendschutz, sondern filtern vor allem schädliche UV-Strahlung aus dem Sonnenlicht. Die Tönung der Gläser sagt dabei allerdings nicht viel über den UV-Schutz aus. Diesen kannst du mit deinem Spektrometer bestimmen:

Verwende die kaltweiße LED aus Laser-Hack 2 oder kaufe zusätzlich eine UV-LED. Sei aber vorsichtig und schaue nicht direkt in die LED! Eventuell musst du dein Spektrometer nochmal kalibrieren, sodass du das UV-Spektrum mit der CCD aufnimmst. Zur Messung stellst du die Sonnenbrille zwischen die LED-Lichtquelle und den Eintrittsspalt – fertig ist dein Absorptionsspektrometer! Das aufgenommene Transmissionsspektrum musst du anschließend nur noch mit dem Lambert-Beerschen-Gesetz in das Absorptionsspektrum umrechnen.

Auf dem obigen Foto kannst du beispielsweise sehr gut erkennen, dass die Sonnenbrille das Licht im UV-Bereich nur sehr schlecht absorbiert. Bei dieser Sonnenbrille gilt also: Finger weg!

Nähere Informationen zur Anwendung des Lambert-Beerschen Gesetzes findest du auf der Website www.1000laserhacks.de und im Buch »UV-VIS-Spektroskopie und Ihre Anwendungen« von H. H. Perkampus (1986)

Laser-Hack 19: Fluoreszenz selber messen

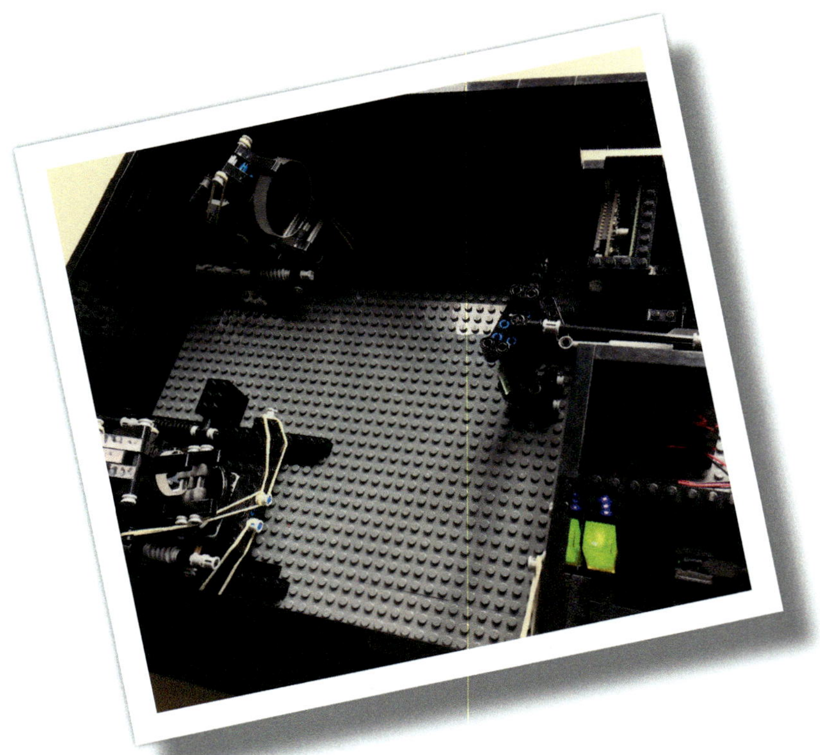

Abbildung 52: *Fluoreszenzuntersuchungen mit dem Czerny-Turner-Spektrometer.*

Die UV-LEDs (NSPU510CS) habe ich bei der Firma Conrad Electronic SE bestellt.

Anstelle einer Transmissions- bzw. Absorptionsmessung kannst du mit dem Spektrometer auch Fluoreszenzmessungen durchführen. Dafür benötigst du eine Probe einer fluoreszierenden Substanz (z.B. Tonic-Water oder Textmarkerflüssigkeit), die du in eine Küvette gibst. Um die Fluoreszenz der Probe zu untersuchen, musst du diese, wie im obigen Bild zu sehen, mit UV-LEDs senkrecht zum Eingangsspalt des Spektrometers bestrahlen. Das von der Probe emittierte Licht (spontane Emission) kann dann mit dem Spektrometer von dir untersucht werden.

Laser-Hack 20: Durchstimmbare Lichtquelle bauen

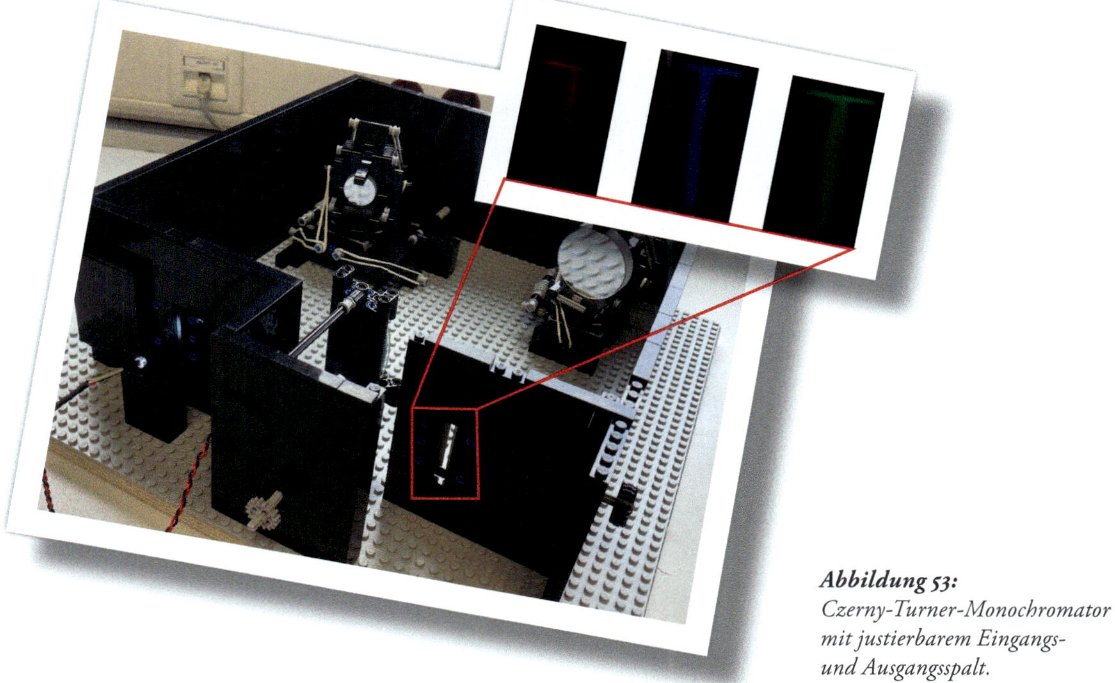

Abbildung 53: *Czerny-Turner-Monochromator mit justierbarem Eingangs- und Ausgangsspalt.*

Durch den Austausch des CCD-Halters durch einen weiteren justierbaren Spalt kannst du das Czerny-Turner-Spektrometer in Windeseile in eine durchstimmbare Lichtquelle umbauen. Diese Lichtquelle wird in der Wissenschaft als Czerny-Turner-Monochromator bezeichnet. Mithilfe dieses Monochromators kannst du aus jeder polychromatischen Lichtquelle eine monochromatische machen. Dieses Licht kannst du nun für verschiedenste Anwendungen weiter verwenden. Beispielsweise wird in der höchstauflösenden Spektroskopie das Monochromatorlicht als Lichtquelle für ein nachgeschaltetes Absorptionsspektrometer verwendet. Es werden als zwei Czenry-Turner-Aufbauten hintereinander verwendet.

Laser-Hack 21: Reflexionsspektren selber aufzeichnen

Abbildung 54: *Czerny-Turner-Spektrometer mit Glasfasereinkopplung und Reflexionsapparatur.*

Besonders spannend ist es Materialien spektroskopisch zu untersuchen. Hierbei wird das Licht der Lichtquelle über die Oberseite des Materials gelenkt, sodass es reflektiert wird. Im Bild siehst du einen solchen Reflexionsaufbau. Bei diesem Experiment wird ein grüner LEGO®-Baustein in einem 45° Winkel von der LED-Lichtquelle (rechts) (z.B. die LED aus Hack 2) angestrahlt. Das von dem Baustein reflektierte Licht wird von einer Glasfaser (links) aufgenommen und in das Spektrometer überführt. Mithilfe dieses Aufbaus lässt sich so auch die Beschaffenheit des Farbstoffes eines nicht transparenten Materials untersuchen. In der Industrie wird dieses Verfahren in vielen Produktionsanlagen zur Sortierung von Bauteilen am Band eingesetzt. Vielleicht baust du dir ja eine private Sortiermaschine für deine Klemmbausteine?

Im gezeigten Messaufbau wird das andere Ende der Glasfaser an den Eingangsspalt des Spektrometers herangeführt. Das ermöglicht es mir Licht an der gewünschten Stelle einzufangen und mit dem Spektrometer zu analysieren ohne, dass ich das Spektrometer verstellen oder verkippen muss. Mehr zur Glasfasereinkopplung findest du auch auf unserer Webseite www.1000laserhacks.de.

Laser-Hack 22: Spektrometer mit Blaze-Gitter erweitern

Abbildung 55: *Foto des Blaze-Gitters im passenden Halter für das Spektrometer.*

Wenn du das Auflösungsvermögen und Sensitivität des Spektrometers verbessern möchtest, dann führt kein Weg daran vorbei, die CD als Gitter durch ein sogenanntes Blaze-Gitter zu ersetzen. Beim Blaze-Gitter handelt es sich, wie bei der CD auch um ein Reflexionsgitter. CD und Blaze-Gitter unterscheiden sich dabei in zwei wichtigen Faktoren. Zum einen sind die Gitterlinien des Blaze-Gitters nicht gekrümmt, wie bei der CD, was den Fehler des detektierten Spektrums stark reduziert. Zum anderen sorgt die Bauweise des Blaze-Gitters dafür, dass die Intensität des spektral aufgeteilten Lichts maximal wird wird. Die Idee ist hierbei recht einfach nachzuvollziehen. Du hast ja selbst bereits bemerkt, dass die Lichtintensität in der 0ten Beugungsordnung viel größer ist, als in der 1ten Beugungsordnung. Beim Blaze-Gitter hat man eine Geometrie für das Reliefgitter gefunden, die es erlaubt die 1te Beugungsordnung in Richtung der direkten Reflexion von der Oberfläche, also der 0ten Ordnung, zu erzeugen. Wie das genau funktioniert habe ich in der folgenden Infobox zusammengefasst. Die Herstellung solcher Gitter ist natürlich aufwändiger und dementsprechend sind Blaze-Gitter auch vergleichsweise teuer. Für den Einbau eines Blaze-Gitters in dein Spektrometer muss zudem der Gitterhalter leicht angepasst werden. Eine kurze Anleitung hierzu findest du auf unserer Webseite www.1000laserhacks.de.

Bei Blaze-Gittern (auch Echelle-Gitter genannt), handelt es sich um spezielle optische Gitter. Diese sind so optimiert, dass die Beugungseffizienz für eine bestimmte gewählte Beugungsordnung maximal wird. Die Intensität der anderen Beugungsordnungen hingegen wird stark reduziert. Diese Maximierung der Beugungseffizienz wird durch eine Neigung θ der Reflexionsflächen des Gitters gegenüber der Gittergrundseite (Gitternormalen) erreicht.

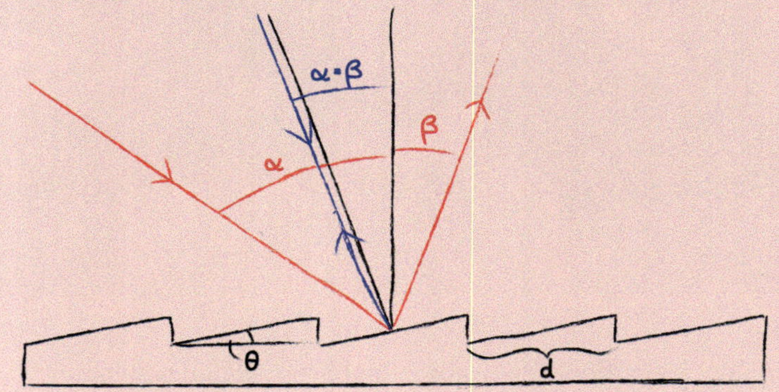

Blaze-Gitter sind immer für eine bestimmte Blaze-Wellenlänge optimiert, für welche die Intensität der jeweiligen Beugungsordnung maximal wird. Üblicherweise liegt die Blaze-Wellenlänge mittig in dem Spektralbereich den man untersuchen möchte. Je nach Anwendung kann das Blaze-Gitter optimiert werden, um den Anforderungen des Experiments gerecht zu werden.

Viele Blaze-Gitter verwenden eine sogenannte Littrow-Anordnung. Diese Anordnung sorgt dafür, dass der Ausfallswinkel β des gebeugten Lichts dem Einfallswinkel α des Lichts entspricht.

Weitere Informationen zum Blaze-Gitter findest du im Buch »Experimentalphysik 2« von W. Demtröder (2017).

Laser-Hack 23: Astrospektroskopie betreiben

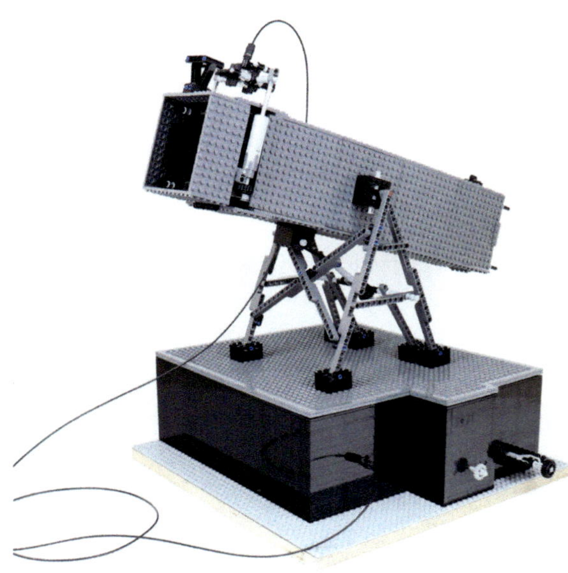

Abbildung 56:
Foto des einsatzbereiten Astrospektroskops.

Du bist begeisterter Hobbyastronom und wolltest schon immer mal Sterne, Planeten oder andere Himmelskörper untersuchen und analysieren, so wie es in der Forschung gemacht wird? Dann ist die Erweiterung deines Czerny-Turner-Spektrometers um ein Newton-Spiegelteleskop mit einer Glasfasereinkopplung genau das Richtige für dich! Hierzu habe ich mit LEGO® Bausteinen ein Teleskop mit 80 mm Öffnung und 450 mm Brennweite aufgebaut, das in der Abbildung gezeigt ist. Das erfasste Sternenlicht wird über einen Adapter auf dem Okular mithilfe einer Glasfaser an den Eingangsspalt des Spektrometers herangeführt. Das Ganze funktioniert auch mit jedem anderen Spiegelteleskop. Beispielsweise habe ich einen Glasfaseradapter für mein Dobson Spiegelteleskop entworfen

Da die Astrospektroskopie auch einer meiner Lieblingsversuche ist, habe ich mich dazu entschieden, zu diesem Thema ein eigenes Buch mit detaillierten Anleitungen und vielen spannenden Facts zu verfassen.

Worauf wartest du noch? Am besten bestellst du das Buch direkt vor!

Das Buch ist für den Spätsommer 2021 in elektronischer Form geplant. Schau bitte regelmäßig auf die Webseite des Bombini Verlags www.bombini-verlag.de bzw. auf www.1000laserhacks.de.

Literaturhinweise

Hier findest du einen Auszug an Literatur, welche du zum Beispiel in deiner Stadt-Bibliothek finden kannst. Weitere Literatur, wie bspw. Links zu Fach-Webseiten findest du auf unserer Webseite.

Bücher

Demtröder, Wolfgang.
Experimentalphysik 2: Elektrizität und Optik.
7. Auflage. Springer-Verlag Berlin Heidelberg (2017)

Halliday, David; Resnick, Robert; Walker, Jearl.
Halliday Physik.
3., vollständig überarbeitete und erweiterte Auflage. Wiley-VCH Weinheim (2017)

Perkampus, Heinz-Helmut
UV-VIS-Spektroskopie und ihre Anwendungen.
1. Auflage. Springer Verlag Berlin Heidelberg New York Tokyo (1986)

Bergmann, Ludwig; Schäfer, Clemens.
Lehrbuch der Experimentalphysik: Optik, Wellen und Teilchenoptik.
10. Auflage, de Gruyter, Berlin (2004)

Hecht, Eugene.
Optik.
7. Auflage, de Gruyter, Berlin (2018)

Waser, Rainer.
Nanoelectronics and information technology: advanced electronic materials and novel devices.
3., vollständig überarbeitet und erweiterte Auflage. Wiley-VCH (2012)

Czerny, M.; Turner, A.F.
Über den Astigmatismus bei Spiegelspektrometern
Zeitschrift für Physik, Springer Science and Business Media LCC,
61, 792-797 (1930)

MYPHOTO
open source hardware
Björn Bourdon
Mirco Imlau
Mattis Osterheider
Größter Dank an Joachim für einfach alles! Ihm unbedingt das erste Buch schicken.
Großer Dank an Paul, Claudia und Dirk!
Messeteam für die nächste Maker Faire:
• Paul
• Oliver
• Rasmus
• Christoph
• Frauke
• Jörg
• ...

Neues Design mit Mirco, Björn und Mattis abstimmen
Jürgen und Karsten nach neuen USB-Zeilenkameras fragen.
Korrekturen von Paul einbinden
Maker Beratung bei Volker einholen
Anke Schmitter
Design
Anita Tiedtke
Design

www.myphotonics.eu – Das Projekt

Das vorliegende Buch ist im Rahmen der Forschungsprojekte myphotonics und optocubes entstanden, die an der Universität Osnabrück in der Forschungsgruppe Ultrakurzzeitphysik durchgeführt wurden. Die Forschungsvorhaben wurden im Rahmen der Initiative »Open Photonik-offene Innovationsprozesse in der Photonik« des Bundesministeriums für Bildung und Forschung gefördert:

Mit dem Begriff »Open Innovation« wird die Öffnung eines Innovationsprozesses für Beteiligte außerhalb einer Organisation, wie beispielsweise Unternehmen oder Instituten, bezeichnet. Kunden und Nutzer können z. B. bei Open Source Produkten nicht nur die Rolle von Konsumenten einnehmen, sondern aktiv an der Weiterentwicklung und der Verbesserung teilhaben. Während der Open Source Gedanke für Software-Produkte (wie etwa das Android-Betriebssystem für Handys, Webbrowser oder auch Wikipedia) fest etabliert ist, gewinnt er aktuell auch in anderen Bereichen an Bedeutung. Ein Beispiel hierfür ist der 3D-Druck. Diese in der Industrie seit Jahrzehnten eingesetzte Technic wurde durch preiswerte Open-Source-Lösungen für einen breiteren Anwenderkreis nutzbar und konnte erst so ihren Siegeszug antreten. Ein anderes Beispiel ist die Arduino-Plattform, die Mikrocontroller durch offene Hardware und eine frei verfügbare Programmieroberfläche leichter und besser nutzbar macht. Selbst Technic-Laien können mit diesem Open Source Ansatz schnell und leicht neue Hightech-Anwendungen realisieren. Mit den Fördermaßnahmen »Open Photonik« und »Open Photonik Pro« möchte das Bundesministerium für Bildung und Forschung (BMBF) neue Formen der Zusammenarbeit von Wissenschaft und Wirtschaft mit Bürgern ermöglichen und damit zusätzliche Innovationspfade und -potenziale für die Photonik erschließen. Mögliche Zielrichtungen der Projekte sind dabei Open Innovation Ansätze mit der Absicht, die Nutzung photonischer Komponenten oder Systeme zu verbessern, Open Source Ansätze, die zu einer breiteren Nutzung dieser Komponenten oder Systeme in Start Ups und KMUs führen und Ansätze, die eine stärkere direkte Bürgerbeteiligung an wissenschaftlichen Projekten ermöglichen.

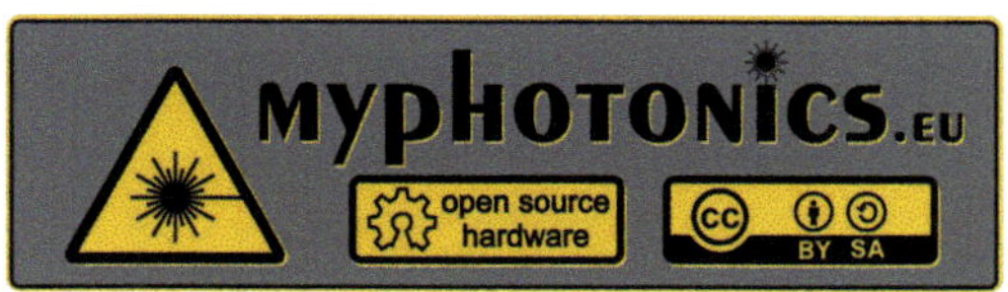

GEFÖRDERT VOM